Thiago Itamar Morais

Do Big Bang à Teoria Quântica: Uma Jornada Filosófica na Física

Dados Internacionais de Catalogação na Publicação (CIP)
(Câmara Brasileira do Livro, SP, Brasil)

Morais, Thiago Itamar
Do Big Bang à teoria quântica : uma jornada filosófica na física / Thiago Itamar Morais. -- São Bento do Sul, SC : Ed. do Autor, 2023.

Bibliografia.
ISBN 978-65-00-72678-7

1. Big-Bang - Teoria 2. Física - Estudo e ensino 3. Física - Filosofia 4. Física quântica I. Título.

23-161171 CDD-530.7

Índices para catálogo sistemático:

1. Física : Estudo e ensino 530.7

Eliane de Freitas Leite - Bibliotecária - CRB 8/8415

Thiago Itamar Morais

Do Big Bang à Teoria Quântica: Uma Jornada Filosófica na Física

Sumário

Introdução

A intersecção entre filosofia e física é um campo fascinante que busca explorar questões fundamentais sobre a natureza da realidade, o papel do observador e a busca por um entendimento profundo do universo. Enquanto a física investiga os fenômenos naturais e desenvolve teorias e modelos para descrevê-los, a filosofia adentra nesse território com um olhar crítico, analítico e reflexivo.

A natureza da realidade é um tema intrigante que tem desafiado filósofos, cientistas e pensadores ao longo dos séculos. É uma questão fundamental que nos leva a refletir sobre a essência do mundo em que vivemos e a nossa própria existência dentro dele.

Em primeiro lugar, é importante reconhecer que a natureza da realidade não é uma questão de fácil resposta. Existem diferentes perspectivas e abordagens filosóficas que tentam compreendê-la, e muitas vezes essas visões podem entrar em conflito.

Uma das principais questões levantadas é se a realidade é objetiva e independente da nossa percepção, ou se ela é construída e moldada pela nossa mente e pelos nossos sentidos. A abordagem realista defende que existe uma realidade externa e objetiva, que existe independentemente de nossa consciência e percepção. Nessa visão, as coisas existem por si mesmas, e nosso papel é apenas descobrir e compreender suas características.

Por outro lado, há perspectivas idealistas que argumentam que a realidade é subjetiva e depende da nossa percepção e interpretação. Segundo essas visões, a realidade é construída pela nossa mente e pelos nossos processos cognitivos, e não é possível conhecer uma realidade externa além de nossa experiência subjetiva.

Além dessas visões extremas, também existem abordagens intermediárias, como o pragmatismo, que enfatiza a importância das experiências e das consequências práticas na determinação da realidade. Essa perspectiva sugere que a realidade é moldada por nossas interações e relações com o mundo ao nosso redor.

Outra questão relacionada à natureza da realidade é a relação entre o observador e o objeto observado. A física quântica, por exemplo, levanta questionamentos sobre como a observação afeta o comportamento das partículas subatômicas. A interpretação mais comum é a de Copenhague, que afirma que a observação colapsa a função de onda e determina o resultado do experimento. Essa visão coloca o observador como um participante ativo na criação da realidade observada.

É importante notar que a natureza da realidade não é apenas uma questão filosófica, mas também tem implicações práticas em nossa vida cotidiana. Nossas crenças sobre a realidade moldam nossa visão de mundo, nossos valores e nossas ações. Elas influenciam como nos relacionamos com os outros, como percebemos a nós mesmos e como tomamos decisões.

A natureza da realidade continua a ser objeto de debates e investigações, tanto na filosofia quanto na ciência. Avanços científicos, como a física quântica e a cosmologia, têm desafiado nossas concepções tradicionais e nos levado a repensar a natureza da realidade.

A intersecção entre a filosofia e a ciência desempenha um papel crucial na exploração dessas questões, permitindo uma abordagem crítica e reflexiva que busca uma compreensão mais profunda e abrangente do mundo em que vivemos.

Em última análise, a natureza da realidade permanece um mistério em muitos aspectos. Embora possamos formular teorias e concepções sobre ela, é importante reconhecer que nossa compreensão é limitada e está sempre sujeita a revisões e novas descobertas. A busca pela compreensão da natureza da realidade é uma jornada contínua e desafiadora, que nos convida a questionar, explorar e expandir nossos horizontes de conhecimento.

O papel do observador é um aspecto fundamental na compreensão da realidade e tem sido objeto de discussão tanto na filosofia quanto na física. O observador desempenha um papel ativo na interpretação e na construção do significado dos eventos e fenômenos que ocorrem ao seu redor.

Na filosofia, a discussão sobre o papel do observador remonta a pensadores como Immanuel Kant, que argumentou que nossa percepção e entendimento do mundo são moldados pelas estruturas cognitivas inatas da mente humana.

Segundo Kant, não temos acesso direto à realidade em si, mas apenas às representações que construímos através de nossas faculdades perceptivas. Nesse sentido, o observador desempenha um papel ativo na interpretação e na organização dos estímulos sensoriais em uma estrutura coerente.

Na física, especialmente na mecânica quântica, o papel do observador ganha destaque. Experimentos demonstraram que o ato de observar uma partícula subatômica pode influenciar o seu comportamento e o resultado do experimento. Isso levanta questões profundas sobre a natureza da realidade e a relação entre o observador e o observado.

A interpretação de Copenhague, uma das principais interpretações da mecânica quântica, postula que a observação colapsa a função de onda da partícula, determinando o resultado observado. Nessa visão, o observador desempenha um papel fundamental na criação da realidade observada.

Essa visão desafiadora da física quântica também se estende para além do domínio das partículas subatômicas. Alguns argumentam que o papel do observador pode se estender para eventos em níveis macroscópicos, influenciando a forma como percebemos e interpretamos o mundo ao nosso redor.

Isso levanta questões sobre a relação entre a consciência humana e a realidade física, e se a experiência subjetiva pode desempenhar um papel ativo na construção da realidade.

Além disso, o papel do observador também tem implicações éticas e sociais. Nossa perspectiva como observadores molda nossas percepções, nossos valores e nossas interações com os outros. Como observadores, temos a capacidade de influenciar a realidade através de nossas ações e decisões. Isso ressalta a importância de cultivar uma consciência crítica e responsável em relação ao nosso papel como observadores, levando em consideração os efeitos de nossas ações no mundo ao nosso redor.

Em suma, o papel do observador é complexo e multifacetado. Tanto na filosofia quanto na física, reconhecemos que o observador desempenha um papel ativo na interpretação e na construção da realidade.

A compreensão desse papel nos convida a refletir sobre a natureza da percepção, a relação entre a mente e o mundo físico, e a responsabilidade que temos como observadores em moldar a realidade através de nossas escolhas e ações.

A busca por um entendimento profundo do universo é uma jornada que tem fascinado a humanidade ao longo da história. Desde os tempos antigos, as pessoas têm se maravilhado com as maravilhas do cosmos e buscado respostas para as grandes questões que envolvem nossa existência e o mundo que nos rodeia.

A curiosidade inata do ser humano impulsionou a exploração e o estudo científico, levando a importantes descobertas e avanços em nosso conhecimento do universo. Através da astronomia, da física, da cosmologia e de outras disciplinas, temos sido capazes de mapear as estrelas, compreender as leis da física que governam o cosmos e explorar os mistérios do espaço-tempo.

Essa busca por um entendimento profundo do universo não se limita apenas à ciência. Também envolve a filosofia, a religião e outras formas de conhecimento e sabedoria. Cada abordagem traz perspectivas e insights únicos que contribuem para nossa compreensão global.

Na ciência, por exemplo, a busca por um entendimento profundo do universo tem sido impulsionada por teorias e modelos que tentam descrever e explicar os fenômenos naturais.

A teoria da relatividade de Einstein, por exemplo, revolucionou nossa compreensão do espaço, do tempo e da gravidade, fornecendo um quadro teórico abrangente para explicar os movimentos dos corpos celestes e a curvatura do espaço-tempo.

Da mesma forma, a mecânica quântica trouxe à tona uma compreensão revolucionária do mundo subatômico, revelando aspectos intrigantes e não intuídos da realidade. Essas teorias e modelos científicos nos aproximam de um entendimento mais profundo da natureza fundamental do universo.

Além da ciência, a filosofia busca explorar questões mais abrangentes sobre o significado e a natureza do universo. Ela se preocupa com perguntas fundamentais, como a origem do universo, a existência de uma ordem cósmica e o propósito da nossa própria existência. Através da reflexão filosófica, buscamos compreender o significado mais amplo de nossa existência e a relação entre o homem e o universo.

A religião também desempenha um papel importante na busca por um entendimento profundo do universo. Ela oferece narrativas mitológicas, cosmologias e sistemas de crenças que buscam explicar a origem e o propósito do universo, bem como nossos papéis individuais dentro dele. A religião fornece um contexto espiritual e moral que complementa as investigações científicas e filosóficas.

Em última análise, a busca por um entendimento profundo do universo é uma busca pelo conhecimento, pelo significado e pela verdade. Ela é impulsionada por nossa curiosidade inata, nosso desejo de compreender nosso lugar no cosmos e nossa busca por respostas às grandes questões existenciais.

Embora possamos nunca alcançar uma compreensão completa e definitiva do universo, essa busca nos leva a descobertas fascinantes e a novos horizontes de conhecimento. Ela nos desafia a questionar, explorar e expandir nossas fronteiras intelectuais. E, acima de tudo, nos lembra da maravilha e do mistério que envolvem o universo em que vivemos.

Uma das questões centrais abordadas pela intersecção entre filosofia e física é a natureza da realidade. A filosofia da física questiona se a realidade é algo objetivo e independente da nossa percepção ou se ela é construída e moldada por nossa observação.

Essa indagação leva a uma investigação profunda sobre a natureza do conhecimento, a relação entre o sujeito e o objeto, e os limites da compreensão humana.

Outro tema crucial é o papel do observador na física e sua influência na interpretação dos fenômenos físicos. A filosofia da física explora como o ato de observar afeta o comportamento das partículas quânticas, trazendo à tona questões sobre a relação entre a consciência e o mundo físico.

Essa discussão levanta reflexões sobre a natureza da mente, a conexão entre a subjetividade e a objetividade, e os desafios de conciliar a experiência individual com as leis gerais da física.

Além disso, a intersecção entre filosofia e física está relacionada à busca por um entendimento profundo do universo. A filosofia da física busca ir além dos modelos teóricos e das descrições matemáticas, buscando compreender a estrutura mais fundamental do cosmos.

Questões sobre a natureza do tempo, o espaço, a causalidade e a possibilidade de uma teoria unificada que explique todos os fenômenos observados são exploradas nesse contexto. Através de uma análise filosófica crítica, são propostas diferentes abordagens e interpretações para esses conceitos, estimulando novos caminhos para a investigação científica.

A intersecção entre filosofia e física desafia os paradigmas estabelecidos e incentiva uma reflexão mais profunda sobre o conhecimento humano e a natureza do universo. Ela nos leva a questionar nossas suposições básicas, a reavaliar nossas concepções e a considerar diferentes perspectivas.

Essa abordagem filosófica na física não apenas enriquece nosso entendimento da natureza, mas também nos convida a uma busca contínua por respostas, levantando questões que podem nos inspirar a explorar novas direções na ciência e na filosofia.

A filosofia da física desempenha um papel fundamental na compreensão e interpretação dos conceitos e teorias físicas, fornecendo uma abordagem reflexiva e crítica que vai além das formulações matemáticas e experimentais.

Ao se debruçar sobre questões fundamentais, ela oferece uma perspectiva mais ampla e profunda sobre o significado e a natureza da ciência física.

Uma das principais contribuições da filosofia da física é a análise dos fundamentos teóricos subjacentes às teorias físicas. Ela busca compreender os pressupostos e as suposições que sustentam as estruturas conceituais da física, questionando sua validade e alcance.

Por exemplo, questões como a natureza do espaço, do tempo e da causalidade são abordadas pela filosofia da física, ajudando a esclarecer os conceitos fundamentais que utilizamos para descrever e explicar os fenômenos físicos.

Além disso, a filosofia da física desafia as interpretações e os paradigmas estabelecidos, incentivando a busca por novas perspectivas e abordagens. Ela questiona as interpretações tradicionais e oferece diferentes possibilidades de compreensão dos fenômenos físicos. Por exemplo, na mecânica quântica, existem várias interpretações filosóficas sobre o significado dos fenômenos de superposição e emaranhamento.

Através da análise filosófica, são propostas diferentes interpretações, como a interpretação de Copenhague, a interpretação dos muitos mundos e as teorias de variáveis ocultas, entre outras.

Essas interpretações filosóficas contribuem para um debate rico e complexo sobre o significado e as implicações da teoria quântica.

A reflexão filosófica na física também ajuda a esclarecer as implicações mais amplas das teorias e conceitos físicos. Ela nos convida a refletir sobre as implicações ontológicas, epistemológicas e éticas dessas teorias.

Por exemplo, a teoria da relatividade de Einstein não apenas revolucionou nossa compreensão do espaço e do tempo, mas também levantou questões sobre a natureza do universo e a possibilidade de viagens no tempo. Através da filosofia da física, exploramos as implicações dessas teorias e refletimos sobre seu impacto em nosso entendimento da realidade e na nossa visão de mundo.

Além disso, a filosofia da física promove a conscientização da natureza dos limites do conhecimento científico. Ela questiona a validade da indução, a capacidade de alcançar uma compreensão completa do universo e a influência dos instrumentos e métodos de observação na obtenção dos resultados.

Ao reconhecer esses limites, a filosofia da física nos incentiva a abraçar a incerteza e a complexidade da realidade, promovendo uma atitude de abertura e questionamento constante.

Em suma, a importância da filosofia da física reside na sua capacidade de fornecer uma perspectiva reflexiva e crítica sobre os conceitos e teorias físicas. Ela nos desafia a questionar e a compreender os fundamentos teóricos, a explorar novas interpretações e abordagens, a considerar as implicações mais amplas das teorias físicas e a reconhecer os limites do conhecimento científico.

Ao fazer isso, ela enriquece nossa compreensão da ciência física e nos convida a uma busca contínua por respostas e entendimento mais profundos.

Capítulo 1: Origens e Fundamentos

1.1 Uma visão histórica da relação entre filosofia e física, desde os pensadores pré-socráticos até a Revolução Científica.

A relação entre filosofia e física remonta aos primórdios do pensamento humano. Desde os tempos pré-socráticos até a Revolução Científica, houve uma interação contínua entre essas duas disciplinas, com a filosofia desempenhando um papel fundamental na compreensão e na busca por explicações sobre a natureza do mundo físico.

Na Grécia Antiga, os filósofos pré-socráticos foram pioneiros na busca por princípios fundamentais que governam a natureza. Pensadores como Tales de Mileto, Anaximandro e Anaxímenes propuseram diferentes elementos primordiais, como a água, o ar e o infinito, como as substâncias básicas que compõem o universo.

Essas ideias filosóficas estavam intrinsecamente relacionadas à compreensão física do mundo, buscando explicar a origem e a estrutura da realidade.

No período clássico da Grécia, com os filósofos como Platão e Aristóteles, houve uma maior sistematização da filosofia e uma abordagem mais abrangente da natureza.

Platão explorou as ideias de mundo das formas, argumentando que a realidade física é uma mera sombra ou reflexo do mundo das ideias. Aristóteles, por sua vez, desenvolveu uma abordagem mais empírica, investigando a natureza através da observação e da classificação dos fenômenos naturais. Ele também desenvolveu uma teoria do movimento e da causa, que influenciou a filosofia da física por muitos séculos.

Após o período clássico grego, a filosofia e a física continuaram a interagir e se influenciar mutuamente. Durante a Idade Média, por exemplo, o filósofo Tomás de Aquino incorporou as ideias de Aristóteles em sua síntese entre a filosofia cristã e o pensamento clássico.

Ele argumentou que a razão humana pode ser usada para compreender a natureza e a existência de Deus, combinando princípios filosóficos com ensinamentos religiosos.

A Revolução Científica dos séculos XVI e XVII trouxe mudanças significativas na relação entre filosofia e física. Pensadores como Copérnico, Galileu, Kepler e Newton desafiaram as concepções estabelecidas sobre o cosmos e desenvolveram teorias e leis que descrevem o movimento dos corpos celestes e a dinâmica dos objetos terrestres. Esses avanços científicos levaram a uma mudança de paradigma, com a filosofia natural, que combinava investigação filosófica e experimental, se tornando a base da física moderna.

Durante esse período, a filosofia passou por uma transformação, com a filosofia natural gradualmente evoluindo para a física como uma disciplina independente.

A matematização da física, realizada por pensadores como Galileu e Newton, permitiu uma descrição precisa e quantitativa dos fenômenos naturais, estabelecendo uma base sólida para o desenvolvimento posterior da física.

No entanto, a filosofia não foi deixada de lado nesse processo. Filósofos como René Descartes e Immanuel Kant continuaram a explorar questões filosóficas relacionadas à natureza da realidade, à existência do mundo externo e à relação entre o sujeito e o objeto.

Hoje, a relação entre filosofia e física continua sendo um campo de estudo e reflexão ativo. A filosofia da física investiga questões como a natureza do tempo, o papel do observador, a interpretação da mecânica quântica e os limites do conhecimento científico. Essa interação entre filosofia e física desempenha um papel crucial na expansão do nosso entendimento do universo e na busca por uma compreensão mais profunda da realidade.

Em suma, a relação entre filosofia e física tem uma longa história de interação e influência mútua. Desde os filósofos pré-socráticos até a Revolução Científica, houve um constante diálogo entre essas disciplinas, com a filosofia fornecendo um contexto conceitual e reflexivo para a compreensão do mundo físico.

Essa relação continua a desempenhar um papel fundamental na busca pela verdade e na exploração das questões fundamentais sobre a natureza do universo.

As questões fundamentais sobre a natureza do universo têm intrigado os seres humanos ao longo da história. Desde os tempos antigos, filósofos, cientistas e pensadores têm buscado compreender a origem, a estrutura e o destino do cosmos em que vivemos.

Essas indagações profundas levaram ao desenvolvimento de diversas teorias e conceitos ao longo dos séculos, e ainda hoje muitas perguntas permanecem sem resposta definitiva.

Uma das questões mais básicas é a origem do universo. Como tudo começou? Essa indagação levou à formulação do Big Bang, uma teoria amplamente aceita que sugere que o universo surgiu de uma explosão cósmica há cerca de 13,8 bilhões de anos. No entanto, o que causou o Big Bang e o que havia antes dele ainda são questões em aberto.

Outro tema essencial é a composição do universo. Do que ele é feito? Descobertas científicas indicam que o universo é composto principalmente de matéria comum, como átomos, e energia escura, uma força misteriosa que parece estar acelerando a expansão do cosmos.

Além disso, a existência da matéria escura, que não emite nem reflete luz e interage apenas gravitacionalmente, é uma das grandes incógnitas da cosmologia moderna.

Uma das perguntas mais filosóficas é se o universo é governado por leis físicas ou se é regido por algum tipo de inteligência ou propósito. Essa questão tem sido debatida há séculos, e diferentes visões coexistem.

A ciência busca compreender as leis naturais que governam o universo, como a gravidade e o eletromagnetismo, enquanto muitas tradições religiosas e espirituais acreditam em uma força criadora ou em um plano divino que molda o cosmos.

Outra questão fundamental diz respeito ao destino do universo. O que acontecerá no futuro? A teoria atualmente mais aceita é que o universo continuará se expandindo indefinidamente, eventualmente esfriando e se tornando cada vez mais diluído.

No entanto, algumas teorias sugerem cenários alternativos, como o Big Crunch, em que a expansão se reverte e o universo colapsa sobre si mesmo, ou o Big Rip, em que a expansão acelerada eventualmente destrói toda a matéria.

Além dessas perguntas centrais, há muitas outras questões complexas relacionadas à natureza do universo. A existência de múltiplos universos, a possibilidade de viagens no tempo, a natureza da consciência e a origem da vida são apenas algumas das áreas de estudo que continuam a desafiar nossas mentes e a expandir nosso conhecimento sobre o cosmos.

As questões fundamentais sobre a natureza do universo são intrincadas e profundas. Elas abrangem desde a origem do universo até seu destino final, passando pela composição, leis físicas e até mesmo sua relação com a consciência humana. Enquanto avançamos na exploração e no entendimento do universo, novas respostas e novas perguntas certamente surgirão, garantindo que a busca pelo conhecimento cósmico continue a fascinar e desafiar gerações futuras.

1.2 Os principais filósofos que contribuíram para a filosofia da física: Parmênides, Demócrito, Platão, Aristóteles, Descartes, Kant, entre outros.

A filosofia da física é um campo de estudo que se preocupa com as questões filosóficas relacionadas à natureza da física e à interpretação dos conceitos científicos. Ao longo da história, vários filósofos contribuíram para o desenvolvimento desse campo, trazendo perspectivas únicas e insights que influenciaram a compreensão da física e suas implicações filosóficas. Abaixo, estão alguns dos principais filósofos que contribuíram para a filosofia da física:

Parmênides de Eléia (c. 515 a.C. - c. 450 a.C.): Parmênides argumentava que o mundo físico é uma ilusão e que a realidade fundamental é imutável e eterna. Ele defendia que a mudança e a pluralidade são ilusórias, levando a reflexões sobre a natureza do tempo e da substância.

Demócrito de Abdera (c. 460 a.C. - c. 370 a.C.): Demócrito foi um dos primeiros atomistas, defendendo que o universo é composto por partículas indivisíveis chamadas átomos. Sua visão materialista do mundo influenciou a compreensão posterior da natureza da matéria.

Platão (427 a.C. - 347 a.C.): Platão considerava o mundo físico como uma mera sombra ou reflexo do mundo das formas, que representa a verdadeira realidade. Sua teoria das ideias e sua busca por princípios universais influenciaram a filosofia da física por muitos séculos.

Aristóteles (384 a.C. - 322 a.C.): Aristóteles desenvolveu uma abordagem empírica e sistemática para a compreensão da natureza, baseada em observação e classificação. Sua teoria do movimento e sua concepção das causas influenciaram o pensamento filosófico e científico por séculos.

René Descartes (1596-1650): Descartes é conhecido por sua frase "Penso, logo existo", que destaca a importância da razão e do pensamento como base do conhecimento. Ele também desenvolveu uma abordagem dualista que separava a mente e o corpo, influenciando a filosofia da mente e a compreensão da relação entre a mente e a matéria.

Immanuel Kant (1724-1804): Kant trouxe importantes contribuições para a filosofia da física, especialmente em sua obra "Crítica da Razão Pura". Ele explorou as limitações do conhecimento humano e argumentou que existem estruturas cognitivas inatas que moldam nossa percepção e compreensão do mundo físico.

Esses são apenas alguns exemplos de filósofos que contribuíram para a filosofia da física. Outros pensadores, como Galileu Galilei, Isaac Newton, Ernst Mach, Ludwig

Wittgenstein e muitos mais, também deixaram suas marcas nesse campo de estudo, desenvolvendo teorias e perspectivas que enriqueceram nossa compreensão da física e suas implicações filosóficas.

Em suma, a filosofia da física se beneficia de uma rica tradição filosófica, na qual diversos filósofos contribuíram com ideias e abordagens que influenciaram o pensamento científico e a compreensão da natureza da realidade física.

Essas contribuições continuam a estimular discussões e reflexões sobre as questões fundamentais relacionadas à física e à filosofia.

1.3 Os fundamentos da física clássica: as leis de Newton, o determinismo, o mecanicismo e o conceito de espaço e tempo absolutos.

A física clássica, também conhecida como física newtoniana, é o ramo da física que se baseia nas leis de Isaac Newton para descrever o comportamento dos corpos em movimento. Esses fundamentos da física clássica, estabelecidos por Newton, foram revolucionários em sua época e forneceram uma base sólida para a compreensão dos fenômenos físicos durante séculos.

As leis de Newton, também conhecidas como as leis do movimento, são os pilares da física clássica. A primeira lei, conhecida como lei da inércia, estabelece que um objeto em repouso permanecerá em repouso e um objeto em movimento continuará em movimento com velocidade constante, a menos que uma força externa atue sobre ele. Essa lei reflete a ideia de que um objeto tende a resistir a mudanças em seu estado de movimento.

A segunda lei de Newton relaciona a força aplicada a um objeto à sua aceleração e à sua massa. Essa lei estabelece que a aceleração de um objeto é diretamente proporcional à força aplicada e inversamente proporcional à sua massa.

Essa relação fundamental entre força, massa e aceleração permite prever o movimento de objetos sob a influência de forças conhecidas.

A terceira lei de Newton, conhecida como a lei da ação e reação, afirma que para cada ação há uma reação igual e oposta. Isso significa que as forças sempre ocorrem em pares, com uma força agindo em um objeto e uma força de igual magnitude, mas na direção oposta, atuando no objeto que exerce a primeira força. Essa lei é fundamental para entender a interação entre objetos no universo.

Além das leis de Newton, a física clássica também é caracterizada por outros conceitos importantes, como o determinismo e o mecanicismo. O determinismo é a ideia de que todos os eventos físicos são determinados por causas anteriores, ou seja, o futuro é completamente predeterminado pelo estado atual do universo.

De acordo com o determinismo, se tivéssemos informações precisas sobre todas as partículas e forças do universo em um determinado momento, poderíamos prever com certeza absoluta o estado futuro do universo.

O mecanicismo, por sua vez, é a visão de que o universo pode ser entendido como um sistema de máquinas ou engrenagens em funcionamento.

Esse conceito implica que os eventos físicos podem ser explicados exclusivamente em termos de interações mecânicas entre partículas e forças físicas. O mecanicismo busca simplificar a complexidade do universo, tratando-o como um sistema determinístico de objetos físicos em movimento.

Além disso, a física clássica baseava-se na ideia de espaço e tempo absolutos. Segundo essa concepção, o espaço e o tempo são entidades absolutas e independentes, que existem por si mesmos e são fixos e imutáveis.

O espaço absoluto é um contêiner tridimensional onde os eventos ocorrem, enquanto o tempo absoluto é uma dimensão única e uniforme que flui constantemente. Essa visão do espaço e do tempo teve influência significativa na física clássica, fornecendo uma estrutura de referência absoluta para a descrição do movimento dos corpos.

No entanto, esses fundamentos da física clássica foram desafiados e superados com o surgimento da teoria da relatividade de Albert Einstein no início do século XX. A teoria da relatividade introduziu uma nova compreensão do espaço e do tempo, mostrando que eles são entrelaçados e que sua natureza depende do observador. Além disso, a teoria quântica revolucionou nossa compreensão da física no nível subatômico, abandonando o determinismo clássico em favor da probabilidade.

Em suma, os fundamentos da física clássica, com as leis de Newton, o determinismo, o mecanicismo e o conceito de espaço e tempo absolutos, forneceram uma base sólida para a compreensão do mundo físico por muitos séculos.

Embora tenham sido posteriormente modificados e superados por avanços científicos posteriores, eles desempenharam um papel crucial na construção do conhecimento científico e no desenvolvimento da física moderna.

Capítulo 2: A Revolução Quântica

2.1 A descoberta da mecânica quântica e seus desafios para a filosofia.

A descoberta da mecânica quântica no início do século XX revolucionou nossa compreensão da natureza fundamental da realidade. Essa teoria desafiou concepções estabelecidas da física clássica e trouxe à tona uma série de questões e desafios filosóficos que ainda estão sendo explorados e debatidos até hoje.

A mecânica quântica descreve o comportamento dos sistemas físicos em escalas subatômicas, revelando uma natureza intrinsecamente probabilística e indeterminada do mundo quântico.

Ao contrário da física clássica, que se baseia em leis determinísticas e previsíveis, a mecânica quântica introduz o conceito de superposição, em que partículas podem existir em diferentes estados simultaneamente, e o colapso da função de onda, em que a medida de uma propriedade quântica faz com que o sistema "escolha" um estado específico.

Essa nova compreensão da realidade apresentou vários desafios para a filosofia. Um dos principais desafios é a questão do papel do observador na mecânica quântica. De acordo com o princípio da medição quântica, a mera observação de uma partícula pode afetar seu estado quântico.

Isso levanta questões sobre o papel do observador na determinação da realidade e sobre a natureza objetiva versus subjetiva das propriedades quânticas.

Outro desafio é a interpretação da mecânica quântica. Existem várias interpretações filosóficas propostas para explicar os fenômenos quânticos, como a interpretação de Copenhague, a interpretação de muitos mundos, a interpretação da consciência participante, entre outras.

Cada interpretação apresenta diferentes implicações filosóficas, como o papel da consciência, a natureza da realidade e a existência de múltiplos universos.

Além disso, a mecânica quântica desafia conceitos filosóficos tradicionais, como a causalidade determinística e o realismo. A indeterminação e a probabilidade inerentes à mecânica quântica levantam questões sobre a natureza do acaso e a possibilidade de previsibilidade total.

Além disso, a existência de superposição e emaranhamento desafia a noção de que a realidade é composta por objetos separados e independentes.

A descoberta da mecânica quântica também levanta questões sobre a relação entre a mente e a matéria. Algumas interpretações da mecânica quântica sugerem que a consciência desempenha um papel fundamental na determinação da realidade quântica.

Isso desperta debates sobre o dualismo mente-corpo, a natureza da consciência e a possibilidade de uma ontologia mental subjacente à realidade física.

Em suma, a descoberta da mecânica quântica trouxe uma série de desafios para a filosofia. A natureza probabilística, indeterminada e subjetiva da realidade quântica, juntamente com a interpretação dos fenômenos quânticos e o papel do observador, são questões complexas que continuam a ser exploradas e debatidas.

Esses desafios filosóficos estimulam uma reflexão profunda sobre a natureza da realidade, a relação entre mente e matéria e os limites do conhecimento humano.

2.2 Os experimentos da dupla fenda e do gato de Schrödinger: indeterminação, superposição e o papel do observador

Os experimentos da dupla fenda e do gato de Schrödinger são exemplos icônicos que ilustram os aspectos intrigantes e desafiadores da mecânica quântica. Esses experimentos levantam questões fundamentais sobre a natureza da realidade, a indeterminação dos sistemas quânticos, a superposição de estados e o papel do observador na determinação dos resultados.

O experimento da dupla fenda consiste em enviar partículas, como elétrons ou fótons, através de duas fendas próximas. Quando essas partículas são disparadas individualmente, espera-se que elas passem por uma fenda ou pela outra e formem um padrão de interferência característico

. No entanto, quando se realiza o experimento, descobre-se que as partículas exibem um comportamento peculiar: elas se comportam tanto como partículas quanto como ondas, passando por ambas as fendas simultaneamente e criando um padrão de interferência, mesmo quando são disparadas uma de cada vez.

Esse fenômeno é conhecido como superposição de estados, onde uma partícula pode estar em diferentes estados simultaneamente até que uma medida seja feita para determinar sua posição ou propriedade. Isso desafia a intuição clássica de que um objeto deve estar em um estado definido em um determinado momento.

O experimento do gato de Schrödinger, proposto pelo físico Erwin Schrödinger, é um exemplo hipotético que ilustra o conceito de superposição em um sistema macroscópico.

Nesse experimento mental, um gato é colocado em uma caixa junto com um dispositivo que pode liberar um veneno letal, dependendo do decaimento de uma partícula radioativa.

De acordo com a mecânica quântica, até que a caixa seja aberta e o estado do sistema seja observado, o gato está em uma superposição de estados, simultaneamente vivo e morto.

Esses experimentos levantam questões filosóficas profundas sobre o papel do observador e a natureza da realidade. A mecânica quântica sugere que a mera observação de um sistema quântico afeta seu estado, resultando no chamado colapso da função de onda. Isso implica que o observador desempenha um papel ativo na determinação dos resultados observados.

Essa ideia desafia a noção de um mundo objetivo e independente da observação, levantando questões sobre a subjetividade da realidade quântica. Além disso, o fato de que um sistema pode existir em uma superposição de estados contradiz a ideia de que um objeto deve ter um estado definido em todos os momentos.

Esses experimentos também levam a debates sobre a interpretação da mecânica quântica. Diferentes interpretações, como a interpretação de Copenhague, a interpretação de muitos mundos e a interpretação da consciência participante, oferecem perspectivas diferentes sobre a natureza da superposição, o colapso da função de onda e o papel do observador.

Em suma, os experimentos da dupla fenda e do gato de Schrödinger exemplificam os desafios fascinantes e complexos apresentados pela mecânica quântica.

A indeterminação, a superposição de estados e o papel do observador na determinação dos resultados são questões centrais que continuam a desafiar nossa compreensão da natureza fundamental da realidade.

2.3 As diferentes interpretações da mecânica quântica: Copenhague, muitos mundos, teorias de variáveis ocultas, entre outras

A mecânica quântica é uma teoria fascinante que descreve o comportamento dos sistemas subatômicos. No entanto, interpretar os resultados da mecânica quântica tem sido objeto de debates intensos entre os filósofos e cientistas ao longo dos anos. Diferentes interpretações têm sido propostas para tentar compreender a natureza dos fenômenos quânticos. Vamos explorar algumas das interpretações mais conhecidas.

A interpretação de Copenhague é uma das interpretações mais amplamente aceitas da mecânica quântica. Desenvolvida por Niels Bohr e seus colaboradores, ela afirma que o comportamento dos sistemas quânticos é intrinsecamente probabilístico. De acordo com essa interpretação, um sistema quântico existe em uma superposição de estados até que uma medida seja realizada, momento em que o sistema "colapsa" para um estado particular. Essa interpretação enfatiza o papel do observador na determinação dos resultados e destaca a natureza subjetiva da realidade quântica.

Outra interpretação popular é a interpretação de muitos mundos, proposta por Hugh Everett III. Segundo essa interpretação, quando uma medida é feita em um sistema quântico, o universo se divide em múltiplos ramos, cada um representando uma possível configuração do sistema. Em outras palavras, todas as possibilidades quânticas são realizadas em diferentes ramos do universo, criando uma multiplicidade de realidades. Essa interpretação sugere que não há colapso da função de onda, mas sim uma expansão contínua do espaço de possibilidades.

As teorias de variáveis ocultas são outra abordagem para interpretar a mecânica quântica. Elas buscam atribuir propriedades físicas bem definidas aos sistemas quânticos, além das variáveis quânticas tradicionais.

Essas teorias sugerem a existência de informações ocultas que determinam os resultados observados. No entanto, a teoria de variáveis ocultas enfrenta desafios, como o teorema de Bell, que coloca restrições nas teorias que podem reproduzir os resultados da mecânica quântica.

Além dessas interpretações, existem outras abordagens filosóficas para a mecânica quântica, como a interpretação da consciência participante, que postula que a consciência desempenha um papel fundamental na determinação dos resultados quânticos. Também há a interpretação retrocausal, que sugere que eventos futuros podem influenciar eventos passados, desafiando a noção de causalidade tradicional.

Cada interpretação tem implicações filosóficas profundas e apresenta diferentes perspectivas sobre a natureza da realidade quântica, o papel do observador e a relação entre mente e matéria.

É importante ressaltar que nenhuma interpretação foi comprovada definitivamente e o debate continua em andamento na comunidade científica e filosófica.

Em suma, as diferentes interpretações da mecânica quântica refletem a complexidade dos fenômenos quânticos e as dificuldades em compreendê-los completamente. Cada interpretação oferece uma visão única sobre a natureza da realidade e nos desafia a repensar concepções tradicionais de causa, efeito e objetividade.

O estudo dessas interpretações nos convida a explorar os limites do conhecimento humano e a questionar as bases fundamentais da nossa compreensão do universo.

2.4 O problema da medição quântica e a natureza da realidade

O problema da medição quântica é um dos aspectos mais intrigantes e debatidos na mecânica quântica. Ele envolve a relação entre o mundo quântico e o mundo macroscópico, levantando questões sobre a natureza da realidade e o papel do observador na determinação dos resultados observados.

Na mecânica quântica, os sistemas quânticos são descritos por uma função de onda que evolui de acordo com a equação de Schrödinger. Essa função de onda contém informações sobre todas as possíveis configurações ou estados que o sistema pode assumir. No entanto, quando fazemos uma medição em um sistema quântico, observamos apenas um estado específico, não uma superposição de estados.

O problema surge quando consideramos como a função de onda se "colapsa" para um estado particular durante uma medição. A mecânica quântica nos diz que o colapso ocorre quando o sistema interage com o observador ou com o ambiente. No entanto, essa interação não está bem definida e não está totalmente clara como ela ocorre.

Uma interpretação comumente adotada é a interpretação de Copenhague, que postula que o colapso da função de onda é um processo intrínseco à medição. Segundo essa interpretação, quando fazemos uma medição, o sistema quântico colapsa para um dos seus estados possíveis, e o resultado observado é uma probabilidade calculada com base na função de onda inicial. Nesse sentido, a realidade quântica é vista como uma combinação de possibilidades até que uma medição seja feita.

Essa interpretação levanta questões sobre a natureza objetiva da realidade. Ela sugere que os resultados das medições são subjetivos e dependem do observador. A função de onda representa apenas nossas probabilidades de observar certos resultados, não a realidade em si. Assim, a medição quântica introduz uma dimensão subjetiva na compreensão da realidade.

Outras interpretações, como a interpretação de muitos mundos, propõem uma abordagem diferente. Ela sugere que, durante uma medição, o universo se divide em múltiplos ramos, cada um representando uma possível configuração do sistema. Nessa visão, todos os resultados possíveis da medição são realizados em diferentes ramos do universo, e cada observador experiência apenas um desses ramos.

O problema da medição quântica nos leva a refletir sobre a natureza da realidade em níveis fundamentais. Ele questiona a existência de uma realidade objetiva independente da observação e levanta questões sobre o papel do observador na determinação dos resultados. Além disso, ele nos desafia a repensar conceitos como causalidade, determinismo e a relação entre mente e matéria.

Em resumo, o problema da medição quântica destaca a complexidade da mecânica quântica e nos leva a questionar as bases de nossa compreensão da realidade. A busca por uma interpretação satisfatória desse fenômeno continua a estimular debates e reflexões profundas na filosofia e na física quântica.

Capítulo 3: Relatividade e a Estrutura do Espaço-Tempo

3.1 A teoria da relatividade de Einstein: a unificação de espaço e tempo, a dilatação temporal e a curvatura do espaço

A teoria da relatividade de Einstein revolucionou nossa compreensão do espaço, tempo e gravidade. Essa teoria, formulada por Albert Einstein no início do século XX, trouxe uma nova perspectiva sobre a natureza fundamental do universo.

Um dos conceitos centrais da teoria da relatividade é a unificação do espaço e tempo em uma entidade chamada espaço-tempo. De acordo com essa teoria, o espaço e o tempo não são entidades separadas e absolutas, mas estão intrinsecamente ligados. O espaço-tempo é uma estrutura flexível e maleável que pode ser influenciada por objetos massivos, como planetas e estrelas.

A teoria da relatividade também introduziu o conceito de dilatação temporal. Ela afirma que o tempo pode se desacelerar ou acelerar dependendo da velocidade relativa de um observador em relação a outro objeto em movimento. Isso significa que o tempo não é absoluto, mas pode variar de acordo com a velocidade de um objeto em relação a outro. Esse efeito foi confirmado por meio de experimentos e é fundamental para o funcionamento de sistemas de posicionamento global, como o GPS.

Outro aspecto importante da teoria da relatividade é a curvatura do espaço. Einstein postulou que a presença de massa e energia pode curvar o espaço-tempo ao seu redor, criando o que chamamos de campo gravitacional. Essa curvatura é responsável pela atração gravitacional que experimentamos no dia a dia. Por exemplo, a gravidade da Terra curva o espaço-tempo ao seu redor, fazendo com que objetos próximos à sua superfície sejam atraídos em sua direção.

A teoria da relatividade também previu a existência de fenômenos fascinantes, como as ondas gravitacionais. Essas ondas são perturbações no tecido do espaço-tempo causadas por eventos cósmicos violentos, como a colisão de buracos negros.

As ondas gravitacionais foram observadas pela primeira vez em 2015 e confirmaram mais uma vez a precisão das previsões da teoria da relatividade de Einstein.

A teoria da relatividade de Einstein trouxe uma nova compreensão da estrutura do universo, desafiando conceitos tradicionais de espaço e tempo. Ela mostrou que o espaço e o tempo são entrelaçados em uma única entidade dinâmica e que a gravidade é uma manifestação da curvatura do espaço-tempo. Essa teoria tem sido confirmada por meio de experimentos e observações, estabelecendo-se como uma das teorias fundamentais da física moderna.

Em suma, a teoria da relatividade de Einstein revolucionou nossa compreensão do espaço, tempo e gravidade. Ela unificou o espaço e o tempo em uma entidade chamada espaço-tempo, introduziu o conceito de dilatação temporal e mostrou que a gravidade é a curvatura do espaço-tempo. Essa teoria continua a ser uma área ativa de pesquisa e exploração, impulsionando novas descobertas e expandindo nosso conhecimento sobre o universo.

3.2 O conceito de simultaneidade, a relatividade das trajetórias e os paradoxos da relatividade

A teoria da relatividade de Einstein desafiou nossa compreensão convencional do tempo e do espaço, trazendo à tona conceitos como a relatividade das trajetórias, o conceito de simultaneidade e os paradoxos que surgem a partir dessas ideias.

Um dos aspectos mais interessantes da teoria da relatividade é a relatividade das trajetórias. De acordo com essa teoria, a trajetória de um objeto em movimento depende da velocidade relativa de observadores em diferentes referências inerciais. Isso significa que diferentes observadores podem medir tempos e distâncias de forma diferente, resultando em trajetórias aparentemente contraditórias.

Um conceito intimamente relacionado é o da simultaneidade. Em sua teoria, Einstein propôs que o conceito de simultaneidade não é absoluto, mas depende do estado de movimento relativo entre observadores. Em outras palavras, dois eventos que ocorrem simultaneamente para um observador podem não ser simultâneos para outro observador em movimento relativo. Isso desafia nossa intuição comum de tempo e simultaneidade, onde esperaríamos que eventos simultâneos fossem simultâneos para todos os observadores.

Essas ideias levam a paradoxos fascinantes da relatividade, como o paradoxo dos gêmeos e o paradoxo do trem. No paradoxo dos gêmeos, por exemplo, um dos gêmeos embarca em uma viagem espacial em alta velocidade enquanto o outro permanece na Terra. Quando o gêmeo que viajou retorna, ele descobre que envelheceu menos em relação ao irmão que permaneceu na Terra. Isso ocorre porque o tempo passa mais devagar para o gêmeo que viajou devido à relatividade das trajetórias.

Outro paradoxo intrigante é o paradoxo do trem. Imagine um trem em movimento com dois flashes de luz ocorrendo simultaneamente, um na frente e outro na parte traseira do trem. Para um observador no trem, os flashes de luz ocorrem simultaneamente e viajam a distâncias iguais até ele. No entanto, para um observador fora do trem, em repouso em relação a ele, os flashes de luz não são simultâneos devido à relatividade das trajetórias. Isso cria uma aparente contradição, onde os dois observadores têm perspectivas diferentes sobre o que é simultâneo.

Esses paradoxos desafiam nossas intuições e nos obrigam a repensar nossa compreensão do tempo, espaço e simultaneidade. Eles revelam que a realidade física é mais complexa do que nossa percepção cotidiana sugere e exigem o uso de ferramentas matemáticas e conceituais avançadas para uma compreensão mais completa.

Embora esses paradoxos possam parecer confusos e contraditórios à primeira vista, a teoria da relatividade oferece uma estrutura consistente e matematicamente robusta para explicar esses fenômenos. Ela nos lembra que nossa intuição baseada em experiências cotidianas nem sempre se aplica no mundo da física de escalas extremas e altas velocidades.

Em suma, a relatividade das trajetórias, o conceito de simultaneidade e os paradoxos associados desafiam nossa compreensão convencional do tempo e do espaço. Eles nos lembram que a realidade física pode ser mais complexa e sutil do que nossa intuição inicial sugere. A teoria da relatividade de Einstein fornece as ferramentas e os princípios necessários para entender e resolver esses paradoxos, abrindo caminho para uma compreensão mais profunda do universo ao nosso redor.

3.3 Implicações filosóficas da relatividade: a natureza do tempo, a influência da gravidade na estrutura do universo e a possibilidade de viagens no tempo

A teoria da relatividade de Einstein tem implicações profundas não apenas na física, mas também na filosofia, levantando questões intrigantes sobre a natureza do tempo, a influência da gravidade na estrutura do universo e até mesmo a possibilidade de viagens no tempo.

Uma das implicações mais impactantes da teoria da relatividade é a redefinição do conceito de tempo. Antes de Einstein, o tempo era considerado absoluto e universal, fluindo de maneira uniforme para todos os observadores. No entanto, a relatividade nos mostra que o tempo é uma entidade maleável, influenciada pela velocidade relativa e pela gravidade. O tempo pode se dilatar ou se contrair, dependendo da velocidade de um objeto ou da intensidade do campo gravitacional em que ele está imerso. Isso nos leva a questionar a natureza fundamental do tempo e nossa percepção dele como uma entidade fixa.

Além disso, a teoria da relatividade nos mostra como a gravidade influencia a estrutura do universo. De acordo com essa teoria, a presença de massa e energia curva o espaço-tempo, criando um campo gravitacional que afeta o movimento dos corpos celestes. Essa curvatura do espaço-tempo nos faz repensar a ideia de um espaço vazio e plano, mostrando que ele é moldado pela presença de massa e energia. Essa compreensão da influência da gravidade na estrutura do universo nos desafia a examinar mais profundamente a relação entre a matéria e o espaço-tempo.

Outra implicação fascinante é a possibilidade teórica de viagens no tempo. A relatividade nos mostra que a curvatura do espaço-tempo pode permitir a existência de "atalhos" que conectam pontos distantes no espaço-tempo, formando o que é conhecido como "buracos de minhoca". Teoricamente, se pudéssemos controlar esses buracos de minhoca, poderíamos encontrar maneiras de viajar entre diferentes pontos no tempo, abrindo a perspectiva de viagens no tempo. No entanto, vale ressaltar que as viagens no tempo continuam sendo um tema altamente especulativo e ainda não há evidências empíricas de sua viabilidade.

Essas implicações filosóficas da teoria da relatividade nos desafiam a repensar nossa compreensão do tempo, do espaço e da gravidade. Elas nos levam a questionar as concepções tradicionais e a explorar novos paradigmas em nossa compreensão do universo. A relatividade nos convida a abraçar a complexidade do mundo físico e a reconhecer que nossas intuições cotidianas podem não ser suficientes para abordar fenômenos em escalas extremas ou em condições de gravidade intensa.

Em suma, a teoria da relatividade de Einstein tem implicações filosóficas profundas, abrindo caminho para uma nova compreensão do tempo, da influência da gravidade na estrutura do universo e até mesmo da possibilidade de viagens no tempo. Ela nos desafia a questionar conceitos arraigados e a explorar novas perspectivas sobre a natureza do universo em que vivemos.

Capítulo 4: A Natureza da Realidade

A natureza da realidade tem sido um tema central na filosofia e nas ciências há séculos. Ela se refere à natureza fundamental do mundo em que vivemos, à natureza do ser e à forma como percebemos e interpretamos a realidade ao nosso redor.

Uma das questões fundamentais sobre a natureza da realidade é se existe uma realidade objetiva, independente da nossa percepção e interpretação. Essa perspectiva sugere que há uma realidade externa que existe independentemente da nossa consciência e das nossas experiências individuais. Nesse sentido, a realidade seria algo tangível e consistente, que pode ser estudado e compreendido por meio das ciências empíricas.

Por outro lado, algumas correntes filosóficas e científicas argumentam que a realidade é construída subjetivamente pela nossa mente e pela nossa percepção. De acordo com essa visão, a realidade é uma construção individual e interpretativa, influenciada por nossas experiências, crenças e percepções. Essa abordagem sugere que a realidade é fluida e variável, podendo ser diferente para diferentes indivíduos ou culturas.

Além disso, há também teorias que exploram a possibilidade de múltiplas realidades ou de uma realidade fundamental subjacente. Por exemplo, na física quântica, há teorias que sugerem a existência de múltiplos universos ou realidades paralelas, onde diferentes possibilidades coexistem. Essa ideia desafia nossa concepção tradicional de uma única realidade objetiva e abre espaço para a coexistência de múltiplas realidades ou dimensões.

Outra questão importante na discussão sobre a natureza da realidade é a relação entre a mente e o mundo externo. Alguns filósofos argumentam que a realidade é construída pela nossa mente, que molda e interpreta as informações sensoriais que recebemos do mundo exterior. Nessa perspectiva, a realidade é subjetiva e depende da consciência que a percebe.

No entanto, a natureza da realidade é um tema complexo e desafiador. A compreensão da realidade envolve não apenas aspectos filosóficos, mas também investigações científicas em várias disciplinas. A física, a neurociência e outras ciências exploram a natureza fundamental do mundo físico e a relação entre a mente e a realidade externa.

Em última análise, a natureza da realidade permanece como uma questão em aberto. É uma área de investigação em constante evolução, onde diferentes perspectivas e abordagens são exploradas. A reflexão filosófica, juntamente com a pesquisa científica, desempenha um papel importante na busca por uma compreensão mais profunda da natureza da realidade.

4.1 Os debates sobre o realismo científico e o antirrealismo na filosofia da física

Na filosofia da física, um dos debates centrais é o conflito entre o realismo científico e o antirrealismo. Essas duas perspectivas filosóficas oferecem abordagens distintas para entender a natureza da ciência e o status ontológico das teorias físicas.

O realismo científico defende a ideia de que as teorias científicas descrevem a realidade objetiva e independente da nossa observação. De acordo com essa visão, a ciência busca descobrir as leis e entidades fundamentais que existem no mundo físico, e essas teorias científicas são uma aproximação cada vez mais precisa da realidade. O realismo científico pressupõe a existência de entidades e fenômenos reais, mesmo que não possamos observá-los diretamente.

O realismo científico sustenta que as teorias científicas têm um caráter de verdade, ou seja, elas fornecem descrições verdadeiras ou aproximadamente verdadeiras do mundo. Os defensores do realismo argumentam que, mesmo que nossas teorias científicas possam ser revisadas e refinadas ao longo do tempo, elas fornecem uma representação adequada da realidade física.

Por outro lado, o antirrealismo questiona a ideia de que a ciência revela uma realidade objetiva. Os antirrealistas argumentam que as teorias científicas são construções humanas que podem ser entendidas apenas como instrumentos úteis para prever e explicar os fenômenos observáveis. Segundo essa visão, as teorias científicas não são uma representação exata do mundo, mas sim modelos que nos permitem fazer previsões e estabelecer relações entre os fenômenos.

Os antirrealistas afirmam que o sucesso das teorias científicas em explicar e prever os fenômenos não é necessariamente um indicativo de sua verdade, mas sim uma medida de sua utilidade pragmática. Eles sugerem que as teorias científicas podem ser úteis mesmo que não correspondam a uma realidade objetiva.

Existem diferentes abordagens antirrealistas, como o instrumentalismo, que enfatiza o caráter pragmático das teorias científicas, e o construtivismo, que enfatiza o papel ativo dos cientistas na construção das teorias.

O debate entre o realismo científico e o antirrealismo na filosofia da física é complexo e desafiador. Ambas as perspectivas têm seus defensores e críticos, e não há consenso absoluto sobre qual abordagem é a mais adequada. Os filósofos continuam a explorar e debater essas questões, levando em consideração os avanços científicos e as nuances da prática científica.

Em última análise, o debate sobre o realismo científico e o antirrealismo na filosofia da física não se trata apenas de uma questão teórica, mas também tem implicações práticas e metodológicas para a prática científica. Ele nos lembra da complexidade da relação entre a ciência e a realidade, e da importância de uma abordagem filosófica rigorosa na interpretação e compreensão das teorias físicas.

4.2 O papel das teorias científicas na descrição e explicação da realidade

As teorias científicas desempenham um papel fundamental na descrição e explicação da realidade, fornecendo um arcabouço conceitual e um conjunto de princípios que nos permitem compreender os fenômenos naturais e suas interações. Elas são construídas com base em evidências empíricas, observações cuidadosas, experimentação e análise crítica, e são constantemente revisadas e refinadas à medida que novas informações e descobertas são feitas.

Uma teoria científica busca descrever e explicar os fenômenos observados de forma consistente e coerente. Ela não se trata de uma mera suposição ou opinião, mas de um conjunto de ideias e conceitos que são testados e submetidos a rigorosos processos de verificação e validação. Uma teoria científica deve ser capaz de fazer previsões sobre o mundo natural, permitindo que essas previsões sejam testadas e comparadas com os resultados experimentais.

Ao descrever a realidade, as teorias científicas estabelecem relações de causa e efeito entre os eventos e fornecem uma estrutura explicativa que nos ajuda a compreender como as coisas funcionam. Por exemplo, a teoria da gravitação de Isaac Newton descreve a atração mútua entre corpos com massa e explica o movimento dos planetas ao redor do Sol. Essa teoria permitiu que previsões precisas fossem feitas e verificadas experimentalmente, validando assim sua capacidade de descrever e explicar o comportamento dos corpos celestes.

Além disso, as teorias científicas fornecem um contexto para a interpretação dos fenômenos naturais. Elas nos ajudam a organizar e categorizar as observações, identificando padrões e regularidades. Por exemplo, a teoria da evolução de Charles Darwin fornece uma estrutura conceitual para compreender a diversidade e a adaptação das espécies ao longo do tempo. Ela nos permite explicar a origem e a relação entre os seres vivos com base em processos como a seleção natural e a herança genética.

No entanto, é importante ressaltar que as teorias científicas estão em constante evolução. Elas são sujeitas a revisões e aperfeiçoamentos à medida que novas evidências são encontradas e novas interpretações são propostas. A ciência é um empreendimento dinâmico, baseado na busca contínua por conhecimento e na avaliação crítica das teorias existentes.

As teorias científicas desempenham um papel vital na descrição e explicação da realidade. Elas nos fornecem um arcabouço conceitual que nos permite entender os fenômenos naturais e suas relações, além de nos ajudar a fazer previsões testáveis. Através da ciência, somos capazes de avançar em nosso conhecimento e compreensão do mundo em que vivemos.

4.3 Os limites do conhecimento científico: incerteza, incompletude e o problema da indução

O conhecimento científico é uma das formas mais confiáveis e rigorosas de compreender o mundo ao nosso redor. No entanto, é importante reconhecer que ele possui limites intrínsecos, que se manifestam principalmente por meio da incerteza, da incompletude e do problema da indução.

A incerteza é uma característica inerente à ciência. Mesmo com todas as evidências e experimentos disponíveis, sempre há uma margem de erro e uma medida de imprecisão associada às conclusões científicas. Isso ocorre porque as observações e os experimentos são feitos em condições específicas e podem ser afetados por diversas variáveis desconhecidas ou difíceis de controlar. Além disso, as teorias científicas estão sujeitas a revisões e refinamentos à medida que novas evidências são descobertas. Portanto, o conhecimento científico nunca é absoluto nem definitivo, mas sim uma aproximação cada vez mais precisa da realidade.

A incompletude é outra limitação inerente ao conhecimento científico. Por mais abrangente que seja o nosso entendimento atual, sempre haverá aspectos da realidade que escapam à nossa compreensão. Existem questões complexas e profundas, como a origem do universo, a natureza da consciência e a existência de outras formas de vida no universo, que ainda estão além do alcance das explicações científicas atuais. À medida que a ciência avança, novas perguntas surgem e revelam as lacunas em nosso conhecimento. A busca por respostas nunca se encerra, mas é um processo contínuo de exploração e descoberta.

O problema da indução é uma preocupação filosófica relacionada à generalização de resultados observados para situações não observadas. A indução envolve a inferência de uma regra geral com base em exemplos particulares. Por exemplo, se todos os cisnes observados até agora são brancos, é razoável induzir que todos os cisnes são brancos? O problema reside no fato de que uma conclusão baseada em observações limitadas pode não se aplicar a todos os casos. A indução científica é uma ferramenta poderosa para formular hipóteses e teorias, mas sua validade sempre carrega uma dose de incerteza. É por isso que a ciência depende de um processo contínuo de observação, experimentação e verificação para validar ou refutar as hipóteses formuladas.

Apesar desses limites, o conhecimento científico continua sendo uma ferramenta essencial para entender o mundo e solucionar problemas. A ciência é construída sobre a humildade intelectual, reconhecendo que sempre há mais a aprender e que nossas explicações estão sujeitas a revisões e melhorias. O avanço científico ocorre através do ceticismo saudável, da abertura para questionar suposições estabelecidas e da busca constante por novas evidências.

Os limites do conhecimento científico são representados pela incerteza, pela incompletude e pelo problema da indução. Embora essas limitações possam nos lembrar das fronteiras do nosso entendimento, elas não invalidam a importância da ciência. Pelo contrário, nos incentivam a continuar explorando, pesquisando e investigando para expandir nossos horizontes e aprofundar nossa compreensão do mundo em que vivemos.

4.4 Perspectivas contemporâneas: a ontologia da física e a busca por uma teoria do tudo

As perspectivas contemporâneas no campo da física têm sido marcadas por uma busca incansável por uma teoria unificada, conhecida como "teoria do tudo" ou "teoria de unificação". Essa teoria ambiciosa busca fornecer um quadro abrangente que explique e integre todas as forças fundamentais da natureza, desde a gravidade até as forças eletromagnéticas, forças nucleares fortes e fracas, em uma única estrutura coesa.

Uma das questões fundamentais abordadas pelas perspectivas contemporâneas é a ontologia da física, que trata da natureza fundamental da realidade. A ontologia busca entender quais entidades existem no universo e como elas interagem. Historicamente, a física tem se concentrado em entidades físicas observáveis, como partículas subatômicas e campos de força. No entanto, as recentes investigações têm explorado a possibilidade de existência de entidades mais fundamentais, como cordas vibrantes em teorias de cordas ou vácuos quânticos em teorias quânticas de campo.

Uma das abordagens promissoras para a teoria do tudo é a teoria de cordas. Essa teoria sugere que, em um nível fundamental, todas as partículas elementares e as forças que as governam podem ser descritas como diferentes modos de vibração de minúsculas cordas unidimensionais. A teoria de cordas busca unificar a gravidade, descrita pela teoria da relatividade geral de Einstein, com a mecânica quântica, que governa o comportamento das partículas subatômicas. No entanto, a teoria de cordas ainda está em estágio de desenvolvimento e requer investigações adicionais para testar suas previsões e confirmar sua validade.

Outra perspectiva contemporânea é a busca por uma compreensão mais profunda da natureza do espaço e do tempo. A teoria da relatividade de Einstein revolucionou nossa compreensão dessas entidades, mostrando que elas estão intrinsecamente entrelaçadas e podem ser afetadas pela presença de massa e energia. No entanto, a física quântica sugere que o espaço e o tempo podem ter propriedades emergentes e granulares em escalas extremamente pequenas, desafiando nossa intuição clássica sobre essas grandezas.

Além disso, as perspectivas contemporâneas também abrangem áreas como a cosmologia, que busca compreender a origem e a evolução do universo como um todo. A teoria do Big Bang é a estrutura dominante atualmente aceita, descrevendo a expansão do universo a partir de um estado inicial quente e denso. No entanto, questões sobre o que causou o Big Bang e o destino final do universo ainda são tópicos de intensa investigação e especulação.

No entanto, é importante destacar que as perspectivas contemporâneas ainda estão em constante evolução, e muitas questões fundamentais aguardam respostas. A natureza do espaço e do tempo, a existência de entidades fundamentais e a unificação das forças da natureza são desafios intelectuais complexos que exigem esforços colaborativos e experimentais para avançar em direção a uma teoria do tudo.

Em suma, as perspectivas contemporâneas na física estão voltadas para a busca de uma teoria unificada que possa explicar todas as forças fundamentais e entidades da natureza. A ontologia da física e a busca por uma teoria do tudo são empreendimentos fascinantes que envolvem investigações teóricas e experimentais, desafiando os limites de nosso conhecimento atual e nos conduzindo a uma compreensão mais profunda da realidade.

Capítulo 5: Consciência e o Observador

A consciência e o observador são tópicos complexos e fascinantes, que têm intrigado filósofos, neurocientistas e pesquisadores há séculos. A questão central envolve o papel da consciência na percepção e na experiência subjetiva, bem como a relação entre o observador e o mundo que o cerca.

A consciência é uma experiência íntima e pessoal, que nos permite ter sensações, emoções, pensamentos e uma noção de identidade. É o que nos permite estar cientes de nós mesmos e do mundo ao nosso redor. Apesar de sua natureza aparentemente familiar, a consciência é um fenômeno complexo e desafiador de ser compreendido em termos científicos.

Uma questão fundamental é entender como a consciência emerge a partir das atividades cerebrais. A neurociência tem feito grandes avanços na identificação de correlatos neurais da consciência, padrões de atividade cerebral associados a diferentes estados de consciência. No entanto, o problema mais profundo é explicar como e por que a atividade cerebral dá origem à experiência subjetiva.

Essa relação entre a consciência e o cérebro leva ao debate sobre o papel do observador na realidade. Alguns argumentam que a consciência desempenha um papel ativo na construção da realidade, moldando nossa percepção e influenciando nossas experiências. Nessa visão, a consciência e o observador não são apenas passivos em relação ao mundo externo, mas têm uma participação ativa na interpretação e na criação da realidade.

Por outro lado, existem abordagens que enfatizam a relação entre o observador e o mundo externo como uma separação mais clara. Nessa perspectiva, a consciência é vista como um produto emergente das atividades neurais, que reflete e representa o mundo, mas não o cria ativamente.

Um dos aspectos intrigantes é o fenômeno da consciência de si mesmo, ou seja, a capacidade de nos percebermos como indivíduos distintos e conscientes. Esse senso de identidade e autoconsciência tem sido objeto de estudo e especulação em diversas áreas, desde a filosofia até a psicologia e a neurociência. Compreender como a consciência de si mesmo surge e se desenvolve é um desafio significativo e uma área ativa de pesquisa.

É importante ressaltar que a questão da consciência e do observador ainda está em debate e não há um consenso definitivo sobre esses temas. A natureza da consciência continua sendo um mistério em muitos aspectos, e as teorias e as investigações científicas continuam a explorar e aprofundar nossa compreensão desse fenômeno complexo.

A consciência e o observador são temas fascinantes que envolvem a experiência subjetiva, a percepção e a relação entre a mente e o cérebro. O estudo desses tópicos desafia nossas concepções tradicionais e nos leva a explorar a natureza fundamental da realidade e da experiência humana.

5.1 A relação entre a física e a consciência: a questão da mente e do observador na interpretação dos fenômenos físicos

A relação entre a física e a consciência é um tema complexo e intrigante que tem gerado discussões acaloradas ao longo da história. A física, como uma disciplina científica, se concentra na descrição e explicação dos fenômenos físicos observáveis através de leis e modelos matemáticos. A consciência, por outro lado, está relacionada à experiência subjetiva e à percepção do mundo.

A questão da mente e do observador surge quando consideramos como a consciência se encaixa na interpretação dos fenômenos físicos. Historicamente, a física tem adotado uma abordagem objetiva, descrevendo o mundo em termos de entidades físicas e suas interações. Ela busca fornecer explicações precisas e quantitativas dos fenômenos observáveis, sem levar em consideração a experiência subjetiva da consciência.

No entanto, algumas abordagens mais recentes, como a física quântica, trouxeram à tona a questão da influência da consciência na interpretação dos fenômenos físicos. A física quântica descreve o comportamento das partículas subatômicas em termos de probabilidades e superposição de estados. Ela sugere que a observação ou medida de uma partícula pode afetar seu estado e determinar o resultado da observação.

Essa noção de que a consciência do observador desempenha um papel na determinação dos resultados quânticos tem gerado diferentes interpretações e debates. Uma das interpretações mais conhecidas é a interpretação de Copenhague, que postula que a função de onda quântica, que descreve a probabilidade de diferentes resultados, colapsa em um resultado definido somente quando é observada por um observador consciente.

No entanto, é importante ressaltar que a interpretação de Copenhague não é a única interpretação da física quântica. Existem outras interpretações, como a teoria de muitos mundos e a interpretação da consciência integrada, que oferecem diferentes perspectivas sobre o papel da consciência na física quântica.

Além da física quântica, a relação entre a física e a consciência também é explorada em outras áreas, como a neurofísica e a neurociência cognitiva. Essas disciplinas buscam entender como os processos neurais e cerebrais estão relacionados à experiência subjetiva da consciência. Embora ainda haja muito a aprender nessa área, os avanços científicos têm revelado correlações entre certos padrões de atividade cerebral e estados de consciência.

No entanto, é importante notar que a relação entre a física e a consciência ainda é um campo de estudo em desenvolvimento e não há um consenso definitivo sobre a natureza dessa relação. As questões sobre como a consciência surge a partir de processos físicos e se ela desempenha um papel ativo na interpretação dos fenômenos físicos continuam a ser objeto de investigação e debate.

A relação entre a física e a consciência é um tópico fascinante e complexo. Embora a física tradicional tenha adotado uma abordagem objetiva, algumas interpretações da física quântica sugerem que a consciência pode influenciar os resultados observados. O estudo da relação entre a física e a consciência envolve investigações em diferentes áreas, como a física quântica e a neurociência, e continua a desafiar nossas concepções sobre a natureza da realidade e da experiência humana.

5.2 O problema mente-corpo: as diferentes visões filosóficas e as implicações para a física

O problema mente-corpo é um dos desafios mais antigos e persistentes da filosofia e da ciência. Refere-se à questão fundamental de como a mente e o corpo estão relacionados e se influenciam mutuamente. Em outras palavras, como a experiência subjetiva da consciência pode surgir a partir de processos físicos do cérebro e como esses processos físicos podem ser afetados pela mente.

Ao longo da história, várias visões filosóficas surgiram para abordar o problema mente-corpo. Essas visões podem ser categorizadas em três principais abordagens: o dualismo, o materialismo e o idealismo.

O dualismo propõe que a mente e o corpo são entidades distintas e separadas. Segundo essa visão, a mente é considerada uma entidade imaterial e não redutível às atividades físicas do cérebro. O filósofo francês René Descartes foi um proponente proeminente do dualismo, defendendo que a mente e o corpo são duas substâncias independentes que interagem entre si por meio da glândula pineal.

Por outro lado, o materialismo argumenta que a mente é um fenômeno emergente das atividades físicas do cérebro. De acordo com essa visão, a consciência e a experiência subjetiva são produtos das interações complexas entre os componentes físicos do sistema nervoso. Essa abordagem busca explicar a mente em termos de processos neurobiológicos e atividades cerebrais.

O idealismo, por sua vez, sustenta que a realidade é fundamentalmente mental e que a matéria é uma construção da mente. De acordo com essa visão, a mente é considerada a base fundamental da existência, e a matéria é apenas uma manifestação ou representação da consciência. Filósofos como George Berkeley defendiam o idealismo, argumentando que todas as percepções e experiências são dependentes da mente.

Essas diferentes visões filosóficas têm implicações significativas para a física e para a ciência em geral. O dualismo, por exemplo, apresenta desafios para a compreensão de como a mente pode interagir com o mundo físico. Se a mente é uma substância independente, como ela pode influenciar os processos físicos do corpo ou receber informações do mundo externo?

O materialismo, por outro lado, busca explicar a mente em termos de atividades cerebrais e processos físicos. Essa visão tem sido fundamental na abordagem científica da mente e na investigação neurocientífica da consciência. No entanto, o materialismo enfrenta o desafio de explicar como as propriedades subjetivas da experiência consciente podem surgir a partir de processos objetivos e físicos.

O idealismo, embora menos influente nas ciências naturais, levanta questões interessantes sobre a natureza da realidade e a relação entre a mente e o mundo. Se a realidade é fundamentalmente mental, como podemos explicar a existência de um mundo físico compartilhado por diferentes mentes?

É importante ressaltar que a compreensão atual do problema mente-corpo está em constante evolução, e não há uma solução definitiva para esse desafio. A interação entre a filosofia, a física e outras disciplinas continua a estimular pesquisas e debates sobre a natureza da mente e sua relação com o corpo.

O problema mente-corpo envolve a investigação das relações entre a mente e o corpo, a consciência e os processos físicos. As diferentes visões filosóficas, como o dualismo, o materialismo e o idealismo, apresentam perspectivas distintas sobre essa questão. Essas visões têm implicações profundas para a física e para a ciência em geral, influenciando a forma como abordamos a compreensão da mente e sua relação com o mundo físico.

5.3 A noção de emergência: como a mente pode emergir de processos físicos

A noção de emergência é um conceito que tem sido frequentemente discutido na tentativa de compreender como a mente pode surgir a partir de processos físicos. A emergência refere-se à propriedade ou fenômeno que surge em um sistema complexo, mas que não é redutível às propriedades dos seus componentes individuais.

No contexto da mente e dos processos físicos, a noção de emergência sugere que a consciência e a experiência subjetiva são características que surgem como propriedades emergentes de sistemas cerebrais complexos. Em outras palavras, a mente não pode ser explicada apenas pela análise dos componentes físicos do cérebro, mas é resultado das interações e organização desses componentes em um nível mais alto de complexidade.

Uma das formas mais estudadas de emergência no contexto da mente é a emergência da consciência a partir da atividade cerebral. A neurociência busca entender como as propriedades subjetivas da experiência consciente podem surgir a partir dos processos físicos do cérebro. Embora a relação exata entre a atividade cerebral e a consciência ainda seja um mistério, a noção de emergência oferece uma perspectiva interessante para explorar essa relação complexa.

A emergência da mente pode ser entendida como um resultado das interações entre neurônios, sinapses e redes neurais no cérebro. Essas interações complexas dão origem a propriedades emergentes, como a integração de informações, a autoconsciência e a capacidade de processar e responder a estímulos do ambiente.

Um exemplo comum citado é o da emergência da complexidade cognitiva a partir de um sistema de neurônios individuais. Enquanto um único neurônio pode realizar funções básicas, como a transmissão de sinais elétricos, a combinação e interconexão de milhões de neurônios em redes cerebrais complexas possibilitam o surgimento de capacidades cognitivas mais avançadas, como o pensamento, a percepção e a memória.

A emergência da mente também está associada à organização hierárquica das estruturas cerebrais. Diferentes regiões do cérebro têm funções especializadas, mas estão interconectadas e interagem para produzir uma experiência consciente integrada. A interação dinâmica entre essas regiões é fundamental para a emergência de processos mentais complexos.

No entanto, é importante destacar que a noção de emergência não implica que a mente seja algo separado ou independente do cérebro. Pelo contrário, reconhece que a mente é uma propriedade emergente dos processos físicos cerebrais, sendo influenciada por eles e inseparável deles.

Embora a noção de emergência seja uma abordagem promissora para entender como a mente pode surgir de processos físicos, ainda existem muitas perguntas em aberto. Compreender os mecanismos exatos pelos quais a consciência emerge e como as propriedades mentais se relacionam com os processos físicos do cérebro continua sendo um desafio científico e filosófico.

A noção de emergência oferece uma perspectiva valiosa para explorar como a mente pode surgir a partir de processos físicos. Reconhecer que a mente é uma propriedade emergente do cérebro nos ajuda a apreciar a complexidade dos sistemas biológicos e a abordar a relação entre a mente e o corpo de forma mais holística. Embora ainda haja muito a aprender, a noção de emergência lança luz sobre a natureza intrincada da mente humana e sua interação com o mundo físico.

5.4 As teorias da consciência e a busca por uma explicação científica abrangente

As teorias da consciência são um campo de estudo fascinante e desafiador que busca compreender a natureza e os mecanismos subjacentes à experiência subjetiva. A consciência, sendo o fenômeno central da nossa existência, levanta questões profundas sobre como percebemos o mundo, temos pensamentos e sentimentos, e como essas experiências estão relacionadas aos processos físicos do cérebro.

A busca por uma explicação científica abrangente da consciência tem envolvido diversas abordagens teóricas. Várias teorias têm sido propostas, cada uma com suas próprias perspectivas e enfatizando diferentes aspectos da consciência. Embora ainda não tenhamos uma teoria definitiva que explique totalmente a consciência, as pesquisas nessa área têm trazido importantes avanços e insights.

Uma das teorias mais conhecidas é a teoria do processamento global, que postula que a consciência emerge da integração de informações distribuídas por todo o cérebro. Segundo essa teoria, a consciência surge quando diferentes partes do cérebro colaboram para criar uma representação unificada e coerente do mundo. Essa abordagem enfatiza a importância da interconectividade neural na experiência consciente.

Outra teoria proeminente é a teoria da consciência integrada, que argumenta que a consciência surge da integração das informações de diferentes partes do cérebro em um estado global e unificado. Essa teoria propõe que a consciência está relacionada à capacidade do cérebro de processar informações de forma integrada, em oposição a uma mera soma de atividades neurais locais.

Além disso, a teoria da informação integrada, inspirada pela física da informação, sugere que a consciência está relacionada à capacidade do cérebro de processar informações de maneira complexa e integrada. Essa teoria busca entender a consciência em termos de padrões de informação e sua capacidade de gerar estados conscientes.

Há também abordagens mais recentes, como a teoria do enfoque de atenção global, que argumenta que a consciência surge da capacidade do cérebro de selecionar e focalizar a atenção em determinados aspectos do ambiente ou do próprio pensamento. Essa teoria enfatiza o papel da atenção na experiência consciente.

Embora essas teorias ofereçam perspectivas valiosas, é importante reconhecer que a consciência é um fenômeno multifacetado e complexo, e nenhuma teoria única até agora conseguiu explicar totalmente sua natureza. A consciência continua sendo um enigma e há muitos aspectos a serem explorados e compreendidos.

A busca por uma explicação científica abrangente da consciência envolve uma abordagem interdisciplinar, que combina conhecimentos da neurociência, psicologia, filosofia e outras áreas relacionadas. Novas tecnologias, como a ressonância magnética funcional e a neuroimagem avançada, têm fornecido insights cada vez mais detalhados sobre os correlatos neurais da consciência, auxiliando na formulação de teorias e modelos.

No entanto, é importante destacar que a explicação científica da consciência não deve se limitar apenas aos aspectos objetivos e físicos. A subjetividade da experiência consciente é uma dimensão essencial que também precisa ser considerada em qualquer teoria abrangente. Afinal, a consciência é uma experiência subjetiva que não pode ser reduzida apenas a processos objetivos.

Em conclusão, as teorias da consciência têm desempenhado um papel fundamental na busca por uma explicação científica abrangente desse fenômeno complexo.

Embora ainda não tenhamos uma teoria definitiva, as pesquisas nessa área têm avançado significativamente, fornecendo insights valiosos sobre a natureza e os mecanismos subjacentes à consciência. A interdisciplinaridade e o avanço tecnológico são essenciais para continuarmos a expandir nosso conhecimento nesse campo fascinante.

Capítulo 6: Ética e Responsabilidade

Ética e responsabilidade são conceitos intrinsecamente ligados que desempenham um papel fundamental em nossas vidas, nas relações sociais e no desenvolvimento de uma sociedade justa e sustentável. A ética refere-se aos princípios morais e aos valores que orientam nossas ações, enquanto a responsabilidade implica a capacidade de agir de acordo com esses princípios, assumindo as consequências de nossas escolhas.

A ética é o conjunto de princípios e valores que norteiam nossas decisões e ações, guiando-nos na busca do que é considerado certo, justo e moralmente aceitável. Ela nos ajuda a discernir entre o certo e o errado, a agir com integridade e respeito pelos outros, e a considerar as implicações de nossas escolhas em um contexto mais amplo.

A responsabilidade, por sua vez, está relacionada à obrigação de assumir as consequências de nossas ações e decisões. Ela implica agir de maneira consciente e cuidadosa, considerando os impactos que nossas escolhas podem ter nas pessoas ao nosso redor, na sociedade e no meio ambiente. A responsabilidade envolve assumir o controle de nossas ações e decisões, reconhecendo que somos agentes morais capazes de fazer a diferença.

Quando aplicamos a ética e a responsabilidade em nossas vidas, nos tornamos indivíduos mais conscientes e comprometidos com o bem comum. Isso significa considerar as consequências de nossas ações e decisões não apenas para nós mesmos, mas também para os outros e para o mundo ao nosso redor. Envolve respeitar os direitos e a dignidade das pessoas, ser honesto e íntegro em nossas relações e agir de maneira sustentável e responsável em relação ao meio ambiente.

No âmbito profissional, a ética e a responsabilidade são igualmente cruciais. Profissionais éticos são aqueles que agem de acordo com os princípios morais de sua profissão, colocando o interesse do cliente, paciente ou público em primeiro lugar. Eles assumem a responsabilidade por suas ações e tomam decisões informadas e éticas, levando em consideração as implicações para todas as partes envolvidas.

Além disso, a ética e a responsabilidade têm um papel fundamental no desenvolvimento sustentável e na construção de uma sociedade justa. Ao considerar as implicações de nossas escolhas em termos de justiça social, equidade e cuidado com o meio ambiente, podemos trabalhar em direção a um futuro mais inclusivo e sustentável.

Ética e responsabilidade são fundamentais para orientar nossas ações e decisões, tanto no âmbito pessoal quanto profissional. Elas nos lembram da importância de agir de maneira consciente, respeitando os valores morais, considerando as consequências de nossas escolhas e assumindo a responsabilidade por elas. Ao adotarmos uma postura ética e responsável, contribuímos para a construção de uma sociedade mais ética, justa e sustentável.

6.1 A responsabilidade ética da ciência e da tecnologia: reflexões sobre o desenvolvimento e uso das descobertas científicas

A responsabilidade ética da ciência e da tecnologia é um tema de extrema relevância na sociedade contemporânea. À medida que avançamos no conhecimento científico e tecnológico, surgem questões éticas cada vez mais complexas relacionadas ao desenvolvimento e uso das descobertas científicas. É fundamental refletir sobre essas questões e considerar as implicações éticas de nossas ações.

A ciência e a tecnologia têm trazido inúmeros benefícios para a humanidade, promovendo avanços em áreas como saúde, comunicação, transporte e energia. No entanto, esses avanços também trazem consigo desafios éticos significativos. A responsabilidade ética da ciência e da tecnologia envolve considerar não apenas as possibilidades e benefícios, mas também os impactos negativos potenciais e as consequências não intencionais.

Um aspecto fundamental da responsabilidade ética é garantir que a pesquisa científica seja conduzida de forma ética e respeite princípios como integridade, transparência e respeito pelos direitos humanos. Os cientistas têm a responsabilidade de realizar suas pesquisas com rigor e cuidado, evitando qualquer forma de má conduta científica, como plágio, fraude ou falsificação de resultados. Além disso, é importante que a pesquisa seja realizada de acordo com princípios éticos, como o consentimento informado em experimentos com seres humanos e o cuidado com o bem-estar dos animais utilizados em estudos científicos.

Outro aspecto crucial da responsabilidade ética da ciência e da tecnologia é considerar as implicações sociais, ambientais e de segurança de suas descobertas. O desenvolvimento de novas tecnologias, como inteligência artificial, biotecnologia e nanotecnologia, levanta questões éticas sobre privacidade, segurança, desigualdade social e impactos ambientais. É fundamental que os cientistas e desenvolvedores de tecnologia considerem essas questões e busquem soluções que minimizem riscos e maximizem os benefícios para a sociedade como um todo.

Além disso, a responsabilidade ética também se estende ao uso das descobertas científicas. A ciência e a tecnologia podem ser aplicadas de várias maneiras, e é essencial que sua utilização seja guiada por princípios éticos.

Por exemplo, a pesquisa médica pode levar a avanços significativos no tratamento de doenças, mas é importante garantir o acesso equitativo a esses tratamentos e evitar a exploração de comunidades marginalizadas.

Da mesma forma, a tecnologia pode melhorar a eficiência e a qualidade de vida, mas é fundamental considerar os impactos sociais, como o desemprego resultante da automação, e trabalhar para mitigar esses efeitos negativos.

A responsabilidade ética da ciência e da tecnologia também inclui o diálogo e a comunicação efetiva com o público. É essencial envolver a sociedade nas discussões sobre o desenvolvimento científico e tecnológico, garantindo a participação de diferentes perspectivas e considerando os valores e preocupações da sociedade como um todo. A transparência e a divulgação adequada das informações científicas são essenciais para promover a confiança pública na ciência e na tecnologia.

A responsabilidade ética da ciência e da tecnologia requer uma abordagem consciente e reflexiva em relação ao desenvolvimento e uso das descobertas científicas. Os cientistas, pesquisadores e desenvolvedores de tecnologia têm a responsabilidade de conduzir suas atividades de forma ética, considerando os impactos sociais, ambientais e de segurança de suas descobertas. Além disso, é essencial promover o diálogo aberto e inclusivo com a sociedade, garantindo que as decisões relacionadas à ciência e tecnologia sejam tomadas de forma informada e ética, em benefício de toda a humanidade.

6.2 Os dilemas éticos na física: armas nucleares, experimentos controversos e a busca pelo equilíbrio entre avanço científico e preocupações sociais

A física, como disciplina científica, tem enfrentado dilemas éticos complexos ao longo de sua história. Desde o desenvolvimento das primeiras armas nucleares até experimentos controversos e a busca pelo equilíbrio entre o avanço científico e as preocupações sociais, os físicos têm se deparado com questões éticas de grande importância.

Um dos dilemas mais significativos na física é o uso de armas nucleares. Durante a Segunda Guerra Mundial, cientistas envolvidos no Projeto Manhattan desenvolveram a bomba atômica, resultando nas tragédias de Hiroshima e Nagasaki. Esses eventos levantaram questões éticas profundas sobre a responsabilidade dos cientistas em relação ao uso de seu conhecimento para criar armas devastadoras. A partir desse momento, a comunidade científica passou a se envolver em discussões sobre o controle de armas nucleares e os impactos humanitários e ambientais associados à sua utilização.

Outro dilema ético surge a partir de experimentos controversos conduzidos na área da física. Algumas pesquisas envolvem riscos e preocupações éticas consideráveis. Por exemplo, experimentos que envolvem manipulação genética, como a edição de genes em embriões humanos, trazem à tona questões sobre os limites éticos da intervenção humana na natureza e a possibilidade de consequências imprevistas. A discussão ética é fundamental para garantir que tais experimentos sejam realizados de forma responsável, com a devida avaliação dos riscos e benefícios, bem como considerando a necessidade de regulamentação adequada.

Além disso, a busca pelo equilíbrio entre o avanço científico e as preocupações sociais é um desafio ético constante na física. O progresso científico é fundamental para o desenvolvimento tecnológico e a compreensão do mundo que nos cerca. No entanto, é necessário considerar as implicações sociais, ambientais e éticas de tais avanços. Por exemplo, a exploração de recursos naturais, como a mineração de elementos raros para a fabricação de dispositivos eletrônicos, levanta preocupações sobre a degradação ambiental e as condições de trabalho nas minas.

Diante desses dilemas éticos, é fundamental que a comunidade científica da física assuma uma postura responsável e ética. Os físicos têm a responsabilidade de considerar os impactos de suas pesquisas e descobertas, levando em conta os valores morais, as implicações sociais e as preocupações éticas relacionadas. Isso envolve uma abordagem cuidadosa na escolha de áreas de pesquisa, a comunicação efetiva dos resultados científicos para o público em geral e a participação em discussões éticas e regulamentações governamentais.

Além disso, é essencial que os físicos promovam a conscientização sobre os dilemas éticos na física, envolvendo-se em debates e colaborando com outras disciplinas, como a filosofia, a sociologia e a ética. A interdisciplinaridade e a busca por consenso ético são essenciais para enfrentar esses desafios complexos de forma adequada.

Em conclusão, a física enfrenta dilemas éticos significativos, como o uso de armas nucleares, experimentos controversos e a busca pelo equilíbrio entre avanço científico e preocupações sociais. Os físicos têm a responsabilidade de abordar essas questões com uma perspectiva ética, considerando os impactos de suas pesquisas e descobertas, bem como promovendo a conscientização e o diálogo sobre os dilemas éticos na comunidade científica e na sociedade em geral. Somente através de uma abordagem ética e responsável podemos garantir que a ciência e a tecnologia sejam utilizadas para o bem-estar da humanidade e do meio ambiente.

6.3 A filosofia como ferramenta para a reflexão e tomada de decisões responsáveis na pesquisa e na aplicação da física

A filosofia desempenha um papel fundamental na pesquisa e na aplicação da física, fornecendo uma ferramenta valiosa para a reflexão crítica e a tomada de decisões responsáveis. Através da filosofia, os físicos podem explorar questões fundamentais sobre a natureza da realidade, os limites do conhecimento humano e as implicações éticas de suas descobertas.

Uma das contribuições da filosofia para a física é a análise conceitual. A filosofia ajuda os físicos a examinar os conceitos fundamentais subjacentes à teoria física, como tempo, espaço, causalidade e determinismo. Ao questionar e clarificar esses conceitos, os filósofos fornecem uma base sólida para o desenvolvimento teórico e experimental na física, evitando ambiguidades e paradoxos.

Além disso, a filosofia oferece uma plataforma para a discussão de questões epistemológicas. Ela levanta perguntas sobre a natureza do conhecimento científico, os métodos de investigação e os limites da ciência. Os físicos podem se beneficiar ao refletir sobre os pressupostos filosóficos subjacentes à sua pesquisa, avaliando a validade de suas conclusões e reconhecendo a incerteza inerente ao processo científico.

A filosofia também desempenha um papel crucial na consideração das implicações éticas da pesquisa e da aplicação da física. Ela fornece uma estrutura para explorar questões relacionadas ao uso responsável da tecnologia, às preocupações ambientais e aos impactos sociais de novas descobertas. Através da ética e da filosofia da ciência, os físicos podem avaliar as implicações de suas pesquisas e tomar decisões informadas que levem em consideração o bem-estar humano e o respeito pelo meio ambiente.

Além disso, a filosofia promove a reflexão crítica sobre os valores subjacentes à pesquisa e à aplicação da física. Ela incentiva os físicos a considerarem questões relacionadas à equidade, justiça e responsabilidade social. Os filósofos têm explorado temas como a distribuição equitativa dos benefícios científicos e tecnológicos, o acesso igualitário à educação científica e as responsabilidades dos cientistas em relação ao público e à sociedade em geral.

Ao incorporar a filosofia em sua prática científica, os físicos podem se tornar mais conscientes das implicações mais amplas de seu trabalho e tomar decisões mais responsáveis. A filosofia oferece uma perspectiva crítica que ajuda os cientistas a considerarem não apenas a viabilidade técnica de suas pesquisas, mas também os impactos sociais, éticos e ambientais envolvidos.

A filosofia desempenha um papel vital na pesquisa e na aplicação da física, proporcionando uma ferramenta para a reflexão crítica e a tomada de decisões responsáveis. Ao explorar questões conceituais, epistemológicas, éticas e de valores, os físicos podem avançar em sua compreensão da natureza e das implicações de seu trabalho.

A integração da filosofia na prática científica contribui para um avanço mais consciente e ético da física, visando o benefício da sociedade como um todo.

6.4 Determinismo X Livre arbítrio

O debate entre determinismo e livre-arbítrio é uma das questões fundamentais tanto na física quanto na filosofia. A física descreve o mundo em termos de leis naturais que governam o comportamento das partículas subatômicas e dos corpos macroscópicos.

Essas leis, como a mecânica clássica e a mecânica quântica, são formuladas a partir de princípios matemáticos e fornecem uma compreensão cada vez mais precisa do funcionamento do universo.

No entanto, a aplicação dessas leis à experiência humana e às ações individuais levanta a questão do determinismo versus o livre-arbítrio. Determinismo é a visão de que todos os eventos são causados por eventos anteriores de acordo com leis naturais, de modo que, em princípio, o futuro poderia ser predito se conhecêssemos todas as condições iniciais e as leis que regem essas condições.

Nesse contexto, o comportamento humano seria governado pelas mesmas leis físicas que governam todas as outras interações no universo, e nossas ações seriam consideradas determinadas pelas condições iniciais e pelas leis que as regem.

Por outro lado, o livre-arbítrio sustenta que os seres humanos possuem a capacidade de fazer escolhas independentes das influências determinísticas. Isso implica que somos agentes morais capazes de tomar decisões conscientes e responsáveis, sem sermos totalmente determinados por eventos anteriores ou por processos físicos.

Essa questão complexa tem sido objeto de discussão ao longo da história, e tanto a física quanto a filosofia oferecem perspectivas diferentes. A filosofia explora se nossas ações são realmente determinadas pelas leis físicas e se existe espaço para a liberdade de escolha.

Ela investiga conceitos como consciência, intencionalidade, responsabilidade moral e a natureza do eu, buscando compreender se podemos ser considerados agentes autônomos em um mundo governado por leis determinísticas.

Por sua vez, a física, embora descreva as leis que governam o comportamento da matéria e da energia, ainda enfrenta desafios em relação à aplicação dessas leis ao comportamento humano. A mecânica quântica, por exemplo, introduz o conceito de indeterminismo, em que eventos são intrinsecamente probabilísticos em vez de totalmente determinados. Isso levanta questões sobre a natureza da causalidade e a possibilidade de liberdade de escolha em um nível fundamental.

Embora ainda não haja um consenso definitivo sobre o determinismo versus livre-arbítrio, a discussão contínua entre a física e a filosofia enriquece nossa compreensão do papel da ciência na investigação das questões fundamentais da existência humana.

O debate estimula o pensamento crítico e a reflexão sobre a natureza da realidade, a relação entre mente e corpo, e a possibilidade de um agente humano ser verdadeiramente livre em um mundo governado por leis naturais.

7 The Philosophy of Physics: From Ancient Concepts to Modern Theories" (A Filosofia da Física: Dos Conceitos Antigos às Teorias Modernas) por Marc Lange

A filosofia da física: dos conceitos antigos às teorias modernas, de Marc Lange, oferece uma exploração abrangente dos aspectos filosóficos da física, traçando seu desenvolvimento desde os tempos antigos até a era moderna. Embora o livro abranja uma ampla gama de tópicos e forneça informações valiosas sobre a interseção da filosofia e da física, há certos aspectos que justificam um exame crítico.

Uma força notável do livro é sua abordagem histórica, começando com os antigos filósofos gregos e suas ideias fundamentais. Lange efetivamente destaca as contribuições de pensadores como Parmênides, Demócrito, Platão e Aristóteles, lançando luz sobre suas visões da natureza fundamental da realidade. Essa perspectiva histórica oferece aos leitores uma base sólida e um contexto para a compreensão dos fundamentos filosóficos da física.

O livro também faz um trabalho louvável ao discutir as principais teorias e conceitos da física, desde a mecânica clássica até a relatividade e a mecânica quântica. Lange explica essas teorias de maneira clara e acessível, tornando as ideias complexas compreensíveis para leitores sem uma extensa experiência em física. Isso é particularmente valioso para os interessados em filosofia da física, mas que podem não ter uma sólida formação científica.

No entanto, uma limitação potencial do livro é seu foco em teorias tradicionais e bem estabelecidas, deixando de fora os desenvolvimentos mais recentes no campo. Enquanto Lange cobre as teorias inovadoras de Newton, Einstein e o advento da mecânica quântica, há menos ênfase nas teorias e debates contemporâneos. Essa omissão pode limitar a relevância do livro para leitores que buscam uma compreensão mais atualizada da filosofia da física.

Além disso, embora o livro toque nas implicações filosóficas das teorias discutidas, às vezes carece de profundidade em sua análise. Algumas questões filosóficas complexas decorrentes das teorias são brevemente abordadas, mas uma exploração mais aprofundada e uma avaliação crítica teriam acrescentado maior profundidade e nuances aos argumentos gerais do livro.

Além disso, o livro poderia se beneficiar de um maior envolvimento com perspectivas alternativas e divergentes. Embora Lange reconheça diferentes interpretações da mecânica quântica, por exemplo, seria valioso explorar as críticas e pontos de vista alternativos mais extensivamente. Isso forneceria aos leitores uma compreensão mais abrangente dos debates e controvérsias filosóficas no campo da física.

Em conclusão, "A filosofia da física: dos conceitos antigos às teorias modernas", de Marc Lange, é um recurso introdutório valioso para explorar a interseção da filosofia e da física. Ele fornece uma base histórica e abrange as principais teorias e conceitos de forma acessível. No entanto, seu foco nas teorias tradicionais e a falta de análise aprofundada e envolvimento com perspectivas alternativas podem limitar sua relevância para leitores que buscam uma compreensão mais abrangente e contemporânea da filosofia da física.

8 Physics and Philosophy: The Revolution in Modern Science (Física e Filosofia: A Revolução na Ciência Moderna) por Werner Heisenberg

Física e Filosofia: A Revolução na Ciência Moderna, de Werner Heisenberg, é uma exploração instigante da relação entre física e filosofia, particularmente no contexto da revolução quântica. Embora o livro ofereça informações valiosas sobre as implicações filosóficas da mecânica quântica, há certos aspectos que justificam um exame crítico.

Um dos notáveis pontos fortes do trabalho de Heisenberg é sua capacidade de fornecer uma explicação clara e acessível dos conceitos fundamentais da mecânica quântica. Ele apresenta ideias complexas, como o princípio da incerteza e a complementaridade, de maneira compreensível para um público não especializado. Isso permite que os leitores compreendam o significado dessas ideias e seu impacto em nossa compreensão da realidade.

Além disso, o envolvimento pessoal de Heisenberg no desenvolvimento da mecânica quântica acrescenta uma perspectiva única ao livro. Como um dos pioneiros do campo, seus relatos e experiências em primeira mão trazem um nível de autenticidade e insight valioso para leitores interessados no contexto histórico da mecânica quântica.

No entanto, uma limitação potencial do livro é seu foco estreito nas implicações filosóficas da mecânica quântica, deixando de fora outros aspectos significativos da física e da filosofia. Enquanto Heisenberg investiga o papel da observação, os limites da medição e a natureza da realidade, há menos exploração de outras questões filosóficas que surgem no campo mais amplo da física. Esse escopo restrito pode limitar o apelo do livro para leitores que buscam uma análise mais abrangente da relação entre física e filosofia.

Além disso, o livro pode ser bastante denso e desafiador de navegar, principalmente para leitores sem formação em física. Heisenberg assume certo nível de familiaridade com o assunto, o que pode trazer dificuldades para quem busca uma introdução mais acessível ao tema. Além disso, a ênfase do livro nas implicações filosóficas às vezes ofusca os fundamentos científicos da mecânica quântica, o que pode deixar os leitores ansiosos por uma exploração mais completa dos conceitos científicos.

Em termos de estilo, a escrita de Heisenberg pode ser filosófica e reflexiva, o que acrescenta profundidade ao livro, mas também ocasionalmente se volta para o abstrato. Isso pode exigir que os leitores se envolvam em reflexão e interpretação cuidadosas para compreender totalmente a mensagem pretendida pelo autor.

Em conclusão, "Physics and Philosophy: The Revolution in Modern Science", de Werner Heisenberg, oferece informações valiosas sobre as implicações filosóficas da mecânica quântica.

O envolvimento pessoal de Heisenberg no campo e sua capacidade de explicar conceitos complexos são louváveis. No entanto, o foco estreito do livro, a natureza densa e a abstração ocasional podem limitar sua acessibilidade e atrair um público mais amplo.

No entanto, para os leitores interessados em aprofundar as dimensões filosóficas da mecânica quântica, o trabalho de Heisenberg continua sendo uma contribuição importante e instigante.

9. The Birth of Physics (O Nascimento da Física) por Michel Serres

The Birth of Physics de Michel Serres oferece uma perspectiva única e não convencional sobre o desenvolvimento da física. Serres apresenta uma exploração altamente imaginativa e filosófica dos fundamentos históricos e conceituais da disciplina. Embora o livro forneça insights instigantes, ele também tem algumas limitações que justificam um exame crítico.

Uma força notável do trabalho de Serres é sua capacidade de entrelaçar narrativas históricas e reflexões filosóficas. Ele leva os leitores a uma jornada pelo mundo antigo, explorando as origens da física na civilização grega e sua evolução subsequente.

Serres combina habilmente eventos históricos, descobertas científicas e contextos culturais, criando uma rica tapeçaria de ideias interconectadas.

Além disso, Serres introduz uma linguagem poética e metafórica que adiciona uma camada de profundidade e beleza ao texto. Essa abordagem estilística aprimora a experiência de leitura e incentiva os leitores a se envolverem com o material em um nível emocional e imaginativo.

No entanto, uma limitação potencial do livro é o afastamento do rigor acadêmico tradicional e da análise empírica. Serres prioriza interpretações poéticas e filosóficas sobre evidências empíricas e metodologia científica.

Embora isso possa atrair leitores interessados em explorar as dimensões filosóficas da física, pode deixar outros ansiosos por uma abordagem mais fundamentada e baseada em evidências.

Além disso, às vezes pode ser difícil acompanhar o livro, pois o estilo de escrita de Serres tende a ser denso e abstrato. A linguagem poética e a estrutura fluida podem tornar difícil para os leitores discernir os argumentos centrais ou navegar na progressão das ideias. Isso pode prejudicar a acessibilidade e a clareza do livro para um público mais amplo.

Além disso, a ênfase de Serres nos aspectos históricos e conceituais da física pode levar a uma relativa negligência dos aspectos técnicos e matemáticos.

Embora seu foco no contexto cultural e filosófico seja valioso, é importante reconhecer que a física é uma disciplina altamente matemática e quantitativa. A omissão de explicações e discussões matemáticas pode limitar a capacidade do livro de abordar completamente os fundamentos técnicos da física.

Em conclusão, "O Nascimento da Física" de Michel Serres oferece uma exploração cativante e imaginativa das dimensões históricas e filosóficas da física. A linguagem poética de Serres e o entrelaçamento de narrativas fornecem uma perspectiva única sobre o desenvolvimento da disciplina.

No entanto, o afastamento do livro do rigor empírico, o estilo de escrita desafiador e a relativa negligência dos aspectos técnicos podem limitar sua acessibilidade e atrair um público mais amplo.

No entanto, para os leitores que buscam uma abordagem filosófica e criativa da história da física, o trabalho de Serres continua sendo uma escolha instigante e intelectualmente estimulante.

10 O Sonho da Razão: Uma História da Filosofia Ocidental dos Gregos ao Renascimento) por Anthony Gottlieb

O sonho da razão: uma história da filosofia ocidental dos gregos ao renascimento, de Anthony Gottlieb, é uma visão abrangente e envolvente do desenvolvimento da filosofia ocidental.

O livro abrange uma ampla gama de ideias e pensadores filosóficos, proporcionando aos leitores uma ampla compreensão do contexto histórico e intelectual do pensamento filosófico ocidental. Embora tenha vários pontos fortes, também existem algumas limitações que justificam um exame crítico.

Uma força notável do trabalho de Gottlieb é sua capacidade de apresentar ideias filosóficas complexas de maneira clara e acessível. Ele adota uma abordagem narrativa, apresentando as ideias de vários filósofos em ordem cronológica, o que ajuda os leitores a traçar a evolução do pensamento ao longo do tempo.

Essa organização facilita a compreensão e a contextualização dos conceitos filosóficos e torna o livro adequado tanto para iniciantes quanto para aqueles com conhecimento prévio de filosofia.

Além disso, Gottlieb consegue capturar a essência das ideias de cada filósofo e apresentá-las em um estilo envolvente e legível. Ele evita o jargão excessivo e fornece resumos concisos dos principais argumentos, tornando o livro acessível a uma ampla gama de leitores.

Além disso, o livro inclui anedotas interessantes e informações biográficas, acrescentando profundidade à narrativa e humanizando os próprios filósofos.

No entanto, uma limitação potencial do livro é seu foco eurocêntrico. Embora afirme ser uma história da filosofia ocidental, exclui em grande parte as tradições filosóficas não ocidentais.

Esse escopo estreito pode limitar a compreensão dos leitores do cenário filosófico mais amplo e negligenciar as ricas contribuições de pensadores não ocidentais. Teria sido benéfico para o livro incluir pelo menos alguma exploração das interseções entre ideias filosóficas ocidentais e não ocidentais.

Além disso, devido ao seu escopo ambicioso, o livro fornece necessariamente apenas um tratamento superficial de muitas ideias e movimentos filosóficos. Alguns leitores que procuram uma análise mais aprofundada podem querer explicações e discussões mais detalhadas. No entanto, dado o objetivo do livro de fornecer uma ampla visão histórica, essa limitação é um tanto inevitável.

Por fim, embora a escrita de Gottlieb seja geralmente acessível e envolvente, há casos ocasionais em que suas próprias interpretações e preconceitos aparecem. Esses elementos subjetivos às vezes podem confundir a linha entre a precisão histórica e as próprias perspectivas filosóficas do autor. É importante que os leitores abordem o livro de forma crítica e verifiquem de forma independente as afirmações feitas por Gottlieb.

Concluindo, "O sonho da razão: uma história da filosofia ocidental dos gregos ao renascimento", de Anthony Gottlieb, é uma introdução bem escrita e acessível à história da filosofia ocidental.

Sua apresentação clara de ideias complexas e estilo narrativo envolvente o tornam um recurso valioso para leitores interessados em explorar a evolução do pensamento ocidental. No entanto, o foco eurocêntrico do livro, o tratamento superficial de alguns tópicos e as interpretações subjetivas ocasionais devem ser reconhecidos ao se envolver com o texto.

11 Os Sonâmbulos: Uma História da Mudança na Visão do Homem sobre o Universo por Arthur Koestler

Os Sonâmbulos: Uma História da Mudança na Visão do Homem sobre o Universo de Arthur Koestler é uma exploração instigante e ambiciosa da história do pensamento científico.

O livro investiga os desenvolvimentos intelectuais que moldaram nossa compreensão do universo, particularmente com foco na revolução copernicana e nas descobertas de Kepler e Galileu.

Embora ofereça percepções únicas sobre o progresso científico e filosófico da época, existem certas limitações que justificam um exame crítico.

Uma força do trabalho de Koestler é sua capacidade de contextualizar as descobertas científicas dentro do contexto social e cultural mais amplo de seu tempo. Ele enfatiza a interconexão de forças científicas, religiosas e políticas que influenciaram a aceitação ou rejeição de novas ideias.

Ao fornecer esse pano de fundo histórico, Koestler oferece aos leitores uma compreensão diferenciada dos desafios enfrentados pelos cientistas durante períodos de mudanças de paradigma.

Além disso, o estilo de escrita de Koestler é envolvente e acessível, tornando conceitos científicos complexos compreensíveis para o público em geral. Ele entrelaça narrativas históricas, relatos biográficos e explicações científicas, criando uma história convincente e coesa.

Essa abordagem torna o livro acessível a leitores com níveis variados de formação científica, aumentando seu apelo a um público mais amplo.

No entanto, uma limitação do livro é sua tendência de simplificar demais ou ignorar certos detalhes científicos em favor do fluxo narrativo. Embora essa abordagem ajude na legibilidade, ela pode sacrificar a precisão e a profundidade das explicações científicas.

Como resultado, os leitores que buscam uma compreensão mais rigorosa e abrangente dos conceitos científicos envolvidos podem querer explicações mais detalhadas.

Além disso, os preconceitos e interpretações pessoais de Koestler ocasionalmente brilham em sua narrativa. Ele tende a retratar o progresso científico como resultado do gênio individual e minimiza a natureza colaborativa e cumulativa das descobertas científicas.

Isso pode levar a uma visão excessivamente romantizada e simplificada da história científica, que pode não captar totalmente as complexidades e incertezas inerentes ao processo científico.

Além disso, o foco do livro na revolução copernicana e suas consequências imediatas pode limitar seu escopo e negligenciar outros desenvolvimentos científicos importantes.

Embora Koestler reconheça essa limitação, ela pode deixar os leitores ansiosos por uma exploração mais abrangente da história mais ampla do pensamento científico.

Em conclusão, "Os Sonâmbulos: Uma História da Mudança na Visão do Homem sobre o Universo", de Arthur Koestler, fornece um relato envolvente e acessível da revolução copernicana e seu impacto no pensamento científico e filosófico.

A contextualização do livro das descobertas científicas dentro de seus contextos históricos e culturais é uma força notável. No entanto, sua simplificação de conceitos científicos, possível viés e escopo limitado podem prejudicar uma compreensão mais completa do assunto.

No entanto, para os leitores interessados em explorar a história do pensamento científico através de lentes narrativas, o trabalho de Koestler continua sendo uma escolha valiosa e envolvente.

12 Física e Filosofia: A Revolução na Ciência Moderna por Sir James Jeans

Física e Filosofia: A Revolução na Ciência Moderna é uma obra seminal escrita pelo renomado cientista Sir James Jeans, que busca explorar as interações complexas entre a física e a filosofia no contexto da revolução científica moderna.

Embora seja um texto valioso para compreender a relação entre essas duas disciplinas, é importante analisá-lo criticamente para avaliar suas contribuições e limitações.

Uma das principais contribuições do livro é a maneira como Jeans explora o papel da física na transformação da perspectiva filosófica. Ele argumenta que a física moderna, em particular a teoria da relatividade e a mecânica quântica, desafiou as noções tradicionais de espaço, tempo, causalidade e determinismo, impactando profundamente a filosofia e a compreensão do mundo.

Jeans fornece uma análise detalhada dessas mudanças e apresenta argumentos sólidos para defender a necessidade de uma abordagem filosófica que leve em conta os avanços científicos.

No entanto, é importante notar que o livro de Jeans foi publicado originalmente em 1942, e muitos avanços significativos ocorreram desde então. A física moderna continuou a evoluir, e a compreensão das relações entre física e filosofia também se aprofundou.

Portanto, a análise crítica deve considerar a limitação temporal do texto e reconhecer que algumas de suas conclusões podem estar desatualizadas.

Outro ponto crítico diz respeito à profundidade da análise filosófica apresentada. Embora Jeans forneça uma visão geral dos impactos filosóficos da física moderna, ele pode ser considerado superficial em algumas questões filosóficas complexas.

A relação entre a teoria quântica e a consciência, por exemplo, é apenas brevemente mencionada, deixando de explorar de forma mais aprofundada as implicações filosóficas desse tema fascinante.

Portanto, uma análise crítica do livro poderia argumentar que ele não aborda de maneira abrangente todas as questões filosóficas relevantes.

Além disso, é importante destacar que a perspectiva de Jeans é predominantemente ocidental e não incorpora totalmente as visões filosóficas de outras tradições culturais.

A obra não explora adequadamente a riqueza da filosofia oriental, por exemplo, que também pode oferecer insights valiosos sobre a relação entre física e filosofia.

Em resumo, "Física e Filosofia: A Revolução na Ciência Moderna" de Sir James Jeans é um livro importante que destaca a interação entre física e filosofia no contexto da revolução científica moderna.

Embora tenha contribuído significativamente para o campo, é necessário analisá-lo criticamente, levando em consideração sua data de publicação, suas limitações na análise filosófica e sua perspectiva ocidentalizada.

Para uma compreensão mais atualizada e abrangente dessa relação complexa, é recomendável complementar a leitura com obras mais recentes e diversas abordagens filosóficas.

13 A Trama do Cosmos: Espaço, Tempo e a Textura da Realidade por Brian Greene

A Trama do Cosmos: Espaço, Tempo e a Textura da Realidade é uma obra fascinante escrita por Brian Greene, renomado físico e divulgador científico.

O livro busca explorar conceitos complexos da física moderna, como a teoria da relatividade e a mecânica quântica, em uma linguagem acessível, a fim de fornecer uma compreensão mais profunda do universo e da realidade em que vivemos. Embora seja uma leitura envolvente e informativa, uma análise crítica pode identificar algumas limitações e pontos de discussão.

Uma das principais qualidades do livro é a habilidade de Greene em comunicar conceitos científicos complexos de forma acessível para o público leigo. Ele utiliza metáforas e exemplos claros para ilustrar os princípios fundamentais da física moderna, tornando-os mais compreensíveis.

Além disso, ele integra histórias históricas e anedotas pessoais, o que torna a leitura mais envolvente e cativante.

No entanto, uma crítica que pode ser levantada é que, em alguns momentos, o livro pode ser excessivamente técnico para leitores que não têm um conhecimento prévio em física.

Embora Greene tente simplificar os conceitos complexos, há momentos em que a densidade de informações pode ser desafiadora para leitores menos familiarizados com os termos e ideias específicas da física teórica. Isso pode levar a uma perda de compreensão ou interesse por parte de certos leitores.

Outro ponto de discussão é o foco excessivo na física teórica em detrimento de outras áreas científicas relevantes. Embora o livro aborde tópicos como a teoria das cordas e a teoria M, que são importantes na física teórica, ele dedica menos atenção a outras áreas da física, como a física de partículas ou a cosmologia observacional. Isso pode limitar a visão abrangente do leitor sobre o universo e a realidade.

Além disso, algumas críticas apontam que Greene tende a se envolver em especulações e hipóteses que ainda carecem de evidências experimentais sólidas. Embora seja legítimo explorar ideias teóricas e hipotéticas, é importante diferenciar claramente o que é especulação daquilo que está bem fundamentado cientificamente. Isso pode evitar que o leitor interprete certos conceitos como fatos estabelecidos, quando, na realidade, ainda são apenas teorias ou possibilidades.

Em suma, "A Trama do Cosmos" de Brian Greene é um livro que busca trazer a física moderna ao alcance do público em geral. Sua linguagem acessível e exemplos claros facilitam a compreensão de conceitos complexos.

No entanto, é importante reconhecer que algumas partes podem ser desafiadoras para leitores sem conhecimentos prévios de física e que o livro tem um foco específico na física teórica em detrimento de outras áreas científicas. Além disso, é necessário ter cautela ao lidar com especulações teóricas e separá-las claramente das ideias fundamentadas em evidências experimentais. No geral, "A Trama do Cosmos" é uma leitura valiosa para aqueles interessados em explorar a natureza do universo, mas é importante complementá-lo com outras obras e perspectivas para obter uma visão mais ampla da ciência contemporânea.

14 Os Limites da Ciência: Esboço de Lógica e Metodologia das Ciências Exatas por Nicholas Rescher

Os Limites da Ciência: Esboço de Lógica e Metodologia das Ciências Exatas é uma obra escrita por Nicholas Rescher que aborda o tema complexo dos limites do conhecimento científico.

O livro oferece uma análise crítica dos métodos e da lógica das ciências exatas, questionando os pressupostos e as fronteiras do empreendimento científico. Embora seja uma leitura interessante e provocativa, é possível identificar algumas limitações e pontos de discussão.

Uma das principais contribuições do livro é a maneira como Rescher levanta questões sobre os limites do conhecimento científico. Ele explora as limitações inerentes aos métodos científicos, como a dependência de observação e experimentação, a incerteza dos resultados e as dificuldades em alcançar uma total objetividade.

Ao fazê-lo, ele desafia a noção de que a ciência é uma busca inquestionável pela verdade absoluta e destaca as complexidades e as lacunas existentes.

No entanto, é importante ressaltar que o livro pode ser denso e exigir um conhecimento prévio em filosofia da ciência para ser totalmente apreciado. Rescher aborda questões complexas e se aprofunda em discussões lógicas e metodológicas que podem ser desafiadoras para leitores menos familiarizados com a terminologia e os conceitos específicos da área. Isso pode limitar a acessibilidade do livro a um público mais amplo.

Além disso, algumas críticas apontam que Rescher pode adotar uma visão excessivamente pessimista em relação aos avanços da ciência. Embora seja válido questionar os limites e as falibilidades do conhecimento científico, é importante também reconhecer os inúmeros progressos e descobertas alcançados pela ciência ao longo da história.

Uma análise crítica do livro poderia argumentar que Rescher pode subestimar a capacidade da ciência de se autocorrigir, aprender com seus erros e avançar em direção a uma compreensão mais completa e precisa do mundo.

Outro ponto de discussão é a abordagem filosófica de Rescher em relação à ciência. Embora seja valioso analisar a lógica e a metodologia da ciência, algumas críticas argumentam que ele pode deixar de lado aspectos importantes, como a dimensão social e cultural da prática científica.

A ciência não ocorre em um vácuo, mas é influenciada por fatores sociais, políticos e econômicos, e essas influências podem afetar a objetividade e a imparcialidade do empreendimento científico.

Uma análise crítica do livro poderia questionar a ênfase excessiva na lógica e na metodologia, em detrimento de uma análise mais ampla do contexto social em que a ciência opera.

Em suma, "Os Limites da Ciência" de Nicholas Rescher é uma obra que estimula a reflexão sobre os limites do conhecimento científico. Sua análise crítica dos métodos e da lógica das ciências exatas oferece uma perspectiva interessante e desafiadora.

No entanto, é necessário ter um conhecimento prévio em filosofia da ciência para apreciar plenamente o livro, e algumas críticas podem ser levantadas em relação à visão pessimista da ciência e à falta de consideração pelos aspectos sociais e culturais da prática científica.

No geral, "Os Limites da Ciência" é uma leitura estimulante para aqueles interessados em refletir sobre a natureza e as fronteiras do conhecimento científico.

15 Realismo Científico: Como a Ciência Rastreia a Verdade por Stathis Psillos

Realismo Científico: Como a Ciência Rastreia a Verdade é uma obra escrita por Stathis Psillos que apresenta uma defesa do realismo científico como uma abordagem filosófica válida para entender a natureza da ciência e sua capacidade de alcançar a verdade sobre o mundo.

Através de uma análise crítica dos principais argumentos e contra-argumentos, Psillos explora as bases epistemológicas do realismo científico e sua relação com a prática científica.

Uma das principais qualidades do livro é a clareza e a rigidez dos argumentos apresentados por Psillos. Ele oferece uma abordagem sistemática e lógica para defender o realismo científico, fornecendo exemplos e evidências que apoiam sua posição.

Ao longo da obra, o autor aborda questões-chave, como a natureza das teorias científicas, a relação entre observação e inferência teórica e a capacidade da ciência de fornecer conhecimento objetivo sobre o mundo.

Psillos também faz um excelente trabalho ao lidar com críticas ao realismo científico e em apresentar respostas sólidas a essas objeções. Ele examina atentamente as perspectivas rivais, como o instrumentalismo e o construtivismo, e explica de forma clara as razões pelas quais o realismo científico é uma abordagem mais robusta e coerente.

Sua análise crítica é completa e fornece uma base sólida para aqueles interessados em compreender e avaliar o realismo científico.

No entanto, algumas críticas podem ser levantadas em relação ao livro. Uma delas é que, por vezes, a abordagem de Psillos pode ser bastante técnica e exigir um conhecimento prévio em filosofia da ciência para ser totalmente apreciada.

Isso pode limitar a acessibilidade da obra a um público mais amplo e tornar sua leitura desafiadora para leitores sem familiaridade com os conceitos e terminologias específicas da área.

Outra crítica possível é que o livro pode ser um tanto unilateral em sua defesa do realismo científico, deixando pouco espaço para a consideração de outras perspectivas filosóficas.

Embora Psillos explore algumas críticas e perspectivas alternativas, é possível argumentar que uma análise mais equilibrada e abrangente poderia fornecer aos leitores uma visão mais completa do debate em torno do realismo científico.

Em suma, "Realismo Científico: Como a Ciência Rastreia a Verdade" de Stathis Psillos é uma obra rigorosa e argumentativa que defende o realismo científico como uma abordagem válida para entender a natureza da ciência e sua capacidade de buscar a verdade sobre o mundo.

Embora sua análise crítica seja abrangente e persuasiva, é importante reconhecer a possível complexidade técnica da obra e a tendência de favorecer o realismo científico em detrimento de outras perspectivas filosóficas.

Recomenda-se a leitura complementar de outras obras que abordem diferentes pontos de vista para obter uma visão mais ampla do debate.

16 Demócrito e as Fontes da Antropologia Grega por G.E.R. Lloyd

Demócrito e as Fontes da Antropologia Grega é uma obra escrita por G.E.R. Lloyd que aborda a figura de Demócrito, um dos grandes filósofos pré-socráticos, e sua contribuição para a antropologia grega.

O livro explora a vida e o pensamento de Demócrito, bem como suas influências e impacto na compreensão da natureza humana na Grécia Antiga. Embora seja uma leitura interessante e informativa, é possível identificar algumas limitações e pontos de discussão.

Uma das principais qualidades do livro é a maneira como Lloyd mergulha na figura de Demócrito e fornece uma análise detalhada de suas ideias sobre a antropologia. Ele explora o conceito de átomo, a teoria do determinismo, a ética e a psicologia desenvolvidas por Demócrito, oferecendo insights valiosos sobre sua visão abrangente da natureza humana.

O autor também examina as influências culturais e filosóficas que moldaram o pensamento de Demócrito, tornando sua obra ainda mais significativa dentro do contexto da antropologia grega.

No entanto, uma crítica que pode ser levantada é que o livro pode ser bastante acadêmico e técnico, exigindo um conhecimento prévio em filosofia antiga e história da Grécia Antiga para ser totalmente apreciado.

Lloyd analisa minuciosamente as fontes primárias e secundárias relacionadas a Demócrito, utilizando uma abordagem acadêmica rigorosa. Isso pode limitar a acessibilidade da obra a leitores menos familiarizados com a terminologia e os conceitos específicos da área, restringindo assim o público potencial do livro.

Outro ponto de discussão é que o livro foca quase exclusivamente em Demócrito e sua contribuição para a antropologia grega, deixando pouco espaço para explorar outros pensadores e abordagens que também foram importantes para o desenvolvimento dessa área do conhecimento na Grécia Antiga.

Embora seja válido destacar o trabalho de Demócrito, uma análise mais abrangente que considere outros filósofos e correntes de pensamento poderia fornecer uma visão mais completa e contextualizada da antropologia naquele período.

Adicionalmente, algumas críticas podem ser levantadas em relação à interpretação e às conclusões apresentadas por Lloyd. Dado que as fontes relacionadas a Demócrito são fragmentárias e que muitas vezes dependemos de interpretações e reconstruções, é importante exercer cautela ao tirar conclusões definitivas sobre o pensamento e as contribuições de Demócrito para a antropologia grega.

Diferentes estudiosos podem ter perspectivas e interpretações divergentes, o que pode gerar um campo de discussão e debate em relação às ideias apresentadas no livro.

Em suma, "Demócrito e as Fontes da Antropologia Grega" de G.E.R. Lloyd é uma obra que explora de forma minuciosa e detalhada o pensamento de Demócrito e sua contribuição para a antropologia grega.

Embora sua análise seja profunda e valiosa, é importante reconhecer a possível complexidade técnica da obra e a tendência de focar quase exclusivamente em Demócrito, deixando pouco espaço para outras perspectivas e pensadores da época.

Recomenda-se a leitura complementar de outras obras que ofereçam uma visão mais ampla da antropologia grega e suas diferentes correntes de pensamento.

17 Parmênides e a História da Dialética: Três Ensaios por Charles H. Kahn

Parmênides e a História da Dialética: Três Ensaios é uma obra escrita por Charles H. Kahn que aborda o filósofo pré-socrático Parmênides e sua influência na história da dialética.

O livro oferece uma análise profunda das ideias de Parmênides e como elas foram interpretadas e desenvolvidas ao longo do tempo. Embora seja uma leitura acadêmica e erudita, é possível identificar algumas limitações e pontos de discussão.

Uma das principais qualidades do livro é a abordagem minuciosa de Kahn em relação às ideias de Parmênides. Ele explora os poemas de Parmênides, especialmente o "Sobre a Natureza", e desvenda os conceitos-chave, como a distinção entre o ser e o não-ser e a unidade e imutabilidade do Ser. Kahn também traça a influência de Parmênides na história da filosofia, destacando como suas ideias foram interpretadas e reinterpretadas por filósofos posteriores, incluindo Platão e Hegel.

No entanto, uma crítica que pode ser levantada é que o livro pode ser bastante denso e exigir um conhecimento prévio em filosofia antiga para ser totalmente apreciado. Kahn utiliza uma abordagem acadêmica e erudita, analisando detalhadamente as fontes primárias e secundárias relacionadas a Parmênides e sua influência na história da dialética. Isso pode tornar a leitura desafiadora para leitores menos familiarizados com a terminologia e os conceitos específicos da área.

Outro ponto de discussão é que o livro se concentra principalmente em Parmênides e sua influência na história da dialética, deixando pouco espaço para explorar outras perspectivas e filósofos que também contribuíram para o desenvolvimento desse campo de estudo.

Embora seja válido destacar o impacto de Parmênides, uma análise mais abrangente que considere outros filósofos e correntes de pensamento poderia fornecer uma visão mais completa e contextualizada da história da dialética.

Além disso, algumas críticas podem ser levantadas em relação às interpretações e conclusões apresentadas por Kahn. Dado que as fontes relacionadas a Parmênides são fragmentárias e muitas vezes dependemos de interpretações e reconstruções, diferentes estudiosos podem ter perspectivas e interpretações divergentes.

Isso pode gerar um campo de discussão e debate em relação às ideias apresentadas no livro.

Em suma, "Parmênides e a História da Dialética: Três Ensaios" de Charles H. Kahn é uma obra acadêmica e erudita que analisa a influência de Parmênides na história da dialética. Embora sua análise seja profunda e valiosa, é importante reconhecer a possível complexidade técnica da obra e a tendência de focar principalmente em Parmênides, deixando pouco espaço para outras perspectivas e filósofos. Recomenda-se a leitura complementar de outras obras que ofereçam uma visão mais ampla da história da dialética.

18 A Física de Aristóteles: Um Estudo Orientado por Joe Sachs

A Física de Aristóteles: Um Estudo Orientado é uma obra escrita por Joe Sachs que busca explorar e interpretar a visão aristotélica da física. O livro oferece uma análise detalhada dos princípios e conceitos fundamentais da física aristotélica, bem como suas implicações filosóficas.

Embora seja uma leitura erudita e técnica, é possível identificar algumas limitações e pontos de discussão.Uma das principais qualidades do livro é a abordagem cuidadosa de Sachs em relação ao pensamento de Aristóteles.

Ele se baseia nas obras originais de Aristóteles, como "Física" e "Metafísica", para apresentar uma interpretação precisa dos conceitos aristotélicos relacionados à física, como causa, matéria, forma e movimento. Sachs também examina as implicações filosóficas desses conceitos, oferecendo uma análise aprofundada do sistema aristotélico e sua coerência interna.

No entanto, uma crítica que pode ser levantada é que o livro pode ser bastante técnico e demandar um conhecimento prévio em filosofia antiga e física para ser totalmente apreciado. Sachs se aprofunda nos detalhes das obras de Aristóteles, utilizando uma abordagem acadêmica rigorosa.

Isso pode limitar a acessibilidade da obra a leitores menos familiarizados com a terminologia e os conceitos específicos da área, tornando sua leitura desafiadora para um público mais amplo.

Outro ponto de discussão é que o livro se concentra quase exclusivamente na física aristotélica e deixa pouco espaço para uma análise comparativa com outras abordagens filosóficas e científicas da época.

Embora seja válido examinar em detalhes o pensamento de Aristóteles, uma abordagem mais abrangente que leve em consideração outras correntes de pensamento e suas relações com a física poderia enriquecer a compreensão do leitor sobre o contexto histórico e filosófico da época.

Adicionalmente, algumas críticas podem ser levantadas em relação às interpretações e conclusões apresentadas por

Sachs. Dado que as obras de Aristóteles são complexas e podem ser interpretadas de maneiras diferentes, diferentes estudiosos podem ter perspectivas e interpretações divergentes. Isso pode gerar um campo de discussão e debate em relação às ideias apresentadas no livro.

Em resumo, "A Física de Aristóteles: Um Estudo Orientado" de Joe Sachs é uma obra que se aprofunda na visão aristotélica da física, oferecendo uma análise detalhada dos conceitos e princípios fundamentais.

Embora sua abordagem seja rigorosa e valiosa para aqueles interessados na filosofia aristotélica, é importante reconhecer a possível complexidade técnica da obra e a tendência de focar principalmente em Aristóteles, deixando pouco espaço para uma análise comparativa mais abrangente.

Recomenda-se a leitura complementar de outras obras que ofereçam perspectivas diferentes sobre a física e a filosofia na época de Aristóteles.

19 Realidade Quântica: Além da Nova Física por Nick Herbert

Realidade Quântica: Além da Nova Física é uma obra escrita por Nick Herbert que explora os princípios e fenômenos da física quântica, bem como suas implicações para a compreensão da realidade.

O livro procura apresentar a física quântica de maneira acessível ao público geral, oferecendo uma perspectiva abrangente e intrigante sobre os mistérios do mundo subatômico. No entanto, embora seja uma leitura interessante, é possível identificar algumas limitações e pontos de discussão.

Uma das qualidades do livro é a capacidade de Nick Herbert de explicar os conceitos complexos da física quântica de forma clara e envolvente. Ele utiliza analogias e exemplos acessíveis para ajudar o leitor a compreender os fenômenos quânticos, como a superposição, o entrelaçamento e a incerteza.

O autor também explora as implicações filosóficas da física quântica, questionando a natureza da realidade e sugerindo uma visão holística e interconectada do universo.

No entanto, uma crítica que pode ser levantada é que, em sua tentativa de simplificar os conceitos, o livro pode, por vezes, simplificar demais ou distorcer certas ideias da física quântica. Embora seja compreensível que o objetivo seja tornar o assunto mais acessível, é importante ter cautela para não criar uma visão superficial ou imprecisa da teoria.

A física quântica é uma disciplina complexa e, em muitos casos, paradoxal, e pode ser difícil transmitir completamente suas nuances em uma linguagem acessível ao público leigo.

Outro ponto de discussão é que o livro, por vezes, tende a se afastar da ciência e adentrar em conjecturas e especulações filosóficas. Embora seja válido explorar as implicações filosóficas da física quântica, é importante distinguir claramente entre as evidências científicas e as interpretações especulativas.

Em alguns momentos, o autor pode apresentar suas opiniões e conjecturas sem uma base sólida na teoria estabelecida, o que pode confundir o leitor e afetar a compreensão precisa da física quântica.

Além disso, o livro também pode ser criticado por não abordar adequadamente algumas das controvérsias e debates que permeiam a física quântica.

Há várias interpretações e teorias divergentes na comunidade científica em relação aos fundamentos e à natureza da física quântica, e essas controvérsias não são exploradas em profundidade no livro. Isso pode levar o leitor a acreditar que há um consenso absoluto na teoria, o que não é o caso.

Em resumo, "Realidade Quântica: Além da Nova Física" de Nick Herbert é uma obra que busca tornar a física quântica acessível e intrigante para o público geral. Embora seja uma leitura interessante, é importante reconhecer as possíveis simplificações e especulações presentes no livro.

Recomenda-se aos leitores buscar uma compreensão mais completa e aprofundada da física quântica por meio de outras fontes confiáveis e se manter atualizado sobre as controvérsias e debates em curso na comunidade científica.

20 A Filosofia do Espaço e do Tempo por Hans Reichenbach

A Filosofia do Espaço e do Tempo por Hans Reichenbach é uma obra seminal que explora as questões filosóficas relacionadas ao espaço e ao tempo na física. Reichenbach, um filósofo e físico alemão, busca fornecer uma análise rigorosa e sistemática desses conceitos fundamentais, além de discutir suas implicações filosóficas mais amplas.

Embora seja uma leitura desafiadora e técnica, o livro oferece uma contribuição significativa para a compreensão desses temas complexos.

Uma das principais qualidades da obra de Reichenbach é sua abordagem meticulosa e detalhada. O autor apresenta uma análise cuidadosa dos conceitos de espaço e tempo, explorando suas definições, propriedades e relações com a física.

Reichenbach também examina as diferentes teorias físicas que moldaram nossa compreensão do espaço e do tempo, como a teoria da relatividade de Einstein, fornecendo uma visão abrangente e atualizada do assunto.

Outro ponto positivo do livro é a clareza e a organização do pensamento de Reichenbach. Ele apresenta argumentos e ideias de forma lógica e estruturada, facilitando a compreensão e a assimilação dos conceitos abordados. Sua abordagem é rigorosa, buscando fundamentar suas proposições em bases sólidas e demonstrações matemáticas sempre que possível.

No entanto, uma crítica que pode ser levantada é que o livro pode parecer bastante técnico e exigir um conhecimento prévio em física e matemática para ser totalmente apreciado. Reichenbach frequentemente recorre a fórmulas e equações matemáticas para fundamentar suas discussões, o que pode dificultar a compreensão para aqueles que não possuem uma formação específica nessas áreas. Isso pode limitar a acessibilidade do livro a um público mais amplo.

Além disso, algumas críticas podem ser levantadas em relação às conclusões filosóficas de Reichenbach. Embora suas análises da física sejam rigorosas, suas interpretações e implicações filosóficas podem ser objeto de debate.

Diferentes filósofos e cientistas têm perspectivas divergentes em relação ao significado do espaço e do tempo, e é importante reconhecer que o livro representa a visão específica de Reichenbach.

A Filosofia do Espaço e do Tempo de Hans Reichenbach é uma obra valiosa que explora os fundamentos filosóficos do espaço e do tempo na física. Embora seja uma leitura técnica e desafiadora, o livro oferece uma análise detalhada e sistemática desses conceitos complexos.

No entanto, é importante ter em mente que a obra pode exigir um conhecimento prévio em física e matemática e que as conclusões filosóficas de Reichenbach podem ser objeto de debate. Recomenda-se a leitura complementar de outras obras que ofereçam perspectivas adicionais sobre o assunto.

21 A Estrutura das Teorias Científicas por Frederick Suppe

A Estrutura das Teorias Científicas de Frederick Suppe é uma obra clássica que aborda a filosofia da ciência e busca entender a estrutura e o desenvolvimento das teorias científicas.

O livro oferece uma análise detalhada dos elementos fundamentais que compõem uma teoria científica e explora a relação entre teoria e observação empírica. Embora seja uma leitura densa e técnica, o livro oferece insights valiosos sobre a natureza da ciência. No entanto, é possível identificar algumas limitações e pontos de discussão.

Uma das principais qualidades do livro é a sua abordagem sistemática e abrangente. Suppe examina os elementos essenciais das teorias científicas, como conceitos, leis, hipóteses, modelos e observações, fornecendo uma estrutura clara para entender a construção e o funcionamento das teorias científicas.

Ele também discute questões cruciais, como a confirmação e a refutação de teorias, a natureza da explicação científica e as relações entre teorias rivais. Essa abordagem permite uma compreensão aprofundada da estrutura lógica e metodológica da ciência.

Outro ponto positivo do livro é a maneira como Suppe utiliza exemplos históricos e casos concretos para ilustrar seus argumentos.

Ele analisa teorias científicas passadas e atuais, como a teoria heliocêntrica de Copérnico, a teoria da relatividade de Einstein e a teoria da evolução de Darwin, para demonstrar como os princípios e conceitos discutidos se aplicam na prática. Esses exemplos tornam o livro mais tangível e ajudam a conectar os conceitos abstratos com a realidade da ciência.

No entanto, uma crítica que pode ser levantada é que o livro pode parecer excessivamente técnico e complexo para alguns leitores. Suppe utiliza uma linguagem acadêmica e aborda conceitos filosóficos e metodológicos de maneira minuciosa, o que pode dificultar a compreensão para leitores sem familiaridade prévia com a filosofia da ciência.

Isso limita a acessibilidade do livro a um público mais amplo e pode tornar a leitura desafiadora para aqueles que estão apenas começando a explorar o campo da filosofia da ciência.

Outra questão a ser considerada é que o livro foi publicado originalmente em 1977, e desde então houve avanços significativos na filosofia da ciência e na prática científica.

Algumas das discussões e exemplos podem não refletir completamente as perspectivas e os desenvolvimentos mais recentes no campo. Recomenda-se aos leitores buscar leituras mais atualizadas para complementar as ideias apresentadas no livro.

Em resumo, "A Estrutura das Teorias Científicas" de Frederick Suppe é uma obra valiosa para aqueles interessados na filosofia da ciência e na compreensão da estrutura das teorias científicas. Embora seja uma leitura densa e técnica, o livro oferece uma análise abrangente e detalhada dos elementos fundamentais das teorias científicas. No entanto, é importante reconhecer a possível complexidade do livro e buscar leituras complementares para obter uma visão mais atualizada e abrangente da filosofia da ciência.

22 Newton e a Origem da Civilização por Jed Z. Buchwald

Newton e a Origem da Civilização de Jed Z. Buchwald é um livro que se propõe a explorar as ideias e influências do famoso cientista Isaac Newton em relação à origem da civilização humana. Buchwald examina o pensamento de Newton em áreas como a cronologia bíblica, a astronomia e a teologia, com o objetivo de investigar suas opiniões sobre a antiguidade e a história humana. Embora seja uma obra interessante e provocadora, há certos aspectos que merecem uma análise crítica.

Uma das forças do livro é a sua abordagem meticulosa na análise das fontes primárias e secundárias relacionadas a Newton e suas ideias sobre a antiguidade. Buchwald faz um trabalho cuidadoso ao rastrear as referências e os escritos de

Newton, explorando suas interpretações e opiniões sobre diversos temas históricos. Esse aspecto do livro proporciona uma perspectiva única sobre o pensamento de Newton e como ele se encaixa no contexto intelectual de sua época.

Além disso, o autor oferece uma visão interessante sobre a relação entre a ciência e a cultura do século XVII. Buchwald explora as motivações e as influências culturais de Newton, revelando como suas ideias sobre a antiguidade podem ter sido moldadas não apenas por seus estudos científicos, mas também por crenças religiosas e filosóficas da época. Isso acrescenta uma dimensão histórica importante à compreensão do pensamento de Newton.

No entanto, uma crítica que pode ser levantada é que o livro pode ser excessivamente detalhado e técnico em certas partes. Buchwald mergulha em minúcias acadêmicas que podem ser desafiadoras para leitores não especializados ou menos familiarizados com o contexto histórico e científico do século XVII. A complexidade da pesquisa pode dificultar a leitura fluida e a compreensão geral da obra.

Outra consideração é que o livro pode ser visto como uma leitura restrita a um público específico interessado na história da ciência ou na figura de Newton. As discussões detalhadas sobre as interpretações de Newton podem não atrair tanto aqueles que procuram uma análise mais ampla sobre a origem da civilização em si.

O foco excessivo em Newton pode deixar outros aspectos e abordagens históricas de lado, limitando a visão geral do tema proposto.

Além disso, é importante observar que as opiniões e interpretações apresentadas no livro são específicas de Buchwald e não representam necessariamente um consenso acadêmico. A história da ciência e o estudo da origem da civilização são campos complexos e em constante evolução, com diferentes perspectivas e teorias em disputa. É sempre recomendável buscar uma gama diversificada de fontes e opiniões para obter uma compreensão mais completa.

Newton e a Origem da Civilização de Jed Z. Buchwald oferece uma visão intrigante sobre as ideias de Newton sobre a antiguidade e sua influência na concepção da história humana.

Embora seja uma obra detalhada e cuidadosamente pesquisada, pode ser desafiador para leitores não especializados e restrito em seu escopo temático.

É importante considerar o livro como uma perspectiva específica e complementar com outras fontes e abordagens para uma compreensão mais ampla da origem da civilização.

23 Mecânica Quântica e a Filosofia de Alfred North Whitehead por Michael Epperson

Mecânica Quântica e a Filosofia de Alfred North Whitehead de Michael Epperson é um livro que busca explorar a conexão entre a mecânica quântica, uma teoria fundamental da física, e a filosofia processual de Alfred North Whitehead.

Epperson propõe uma abordagem filosófica baseada na filosofia do processo para entender a mecânica quântica, oferecendo uma perspectiva alternativa e inovadora sobre esse campo complexo. Embora o livro apresente uma interessante tentativa de integração entre filosofia e ciência, algumas limitações podem ser identificadas.

Uma das principais contribuições do livro é a exploração das implicações filosóficas e ontológicas da mecânica quântica à luz da filosofia de Whitehead. Epperson faz uma análise detalhada das ideias de Whitehead sobre o processo e a relação entre matéria e experiência, buscando encontrar pontos de convergência com os conceitos fundamentais da mecânica quântica, como a superposição, o emaranhamento e a incerteza.

Essa abordagem filosófica enriquece o debate e oferece uma nova perspectiva para entender a natureza da realidade quântica.

Além disso, o autor explora as possíveis implicações éticas e epistemológicas da abordagem filosófica de Whitehead aplicada à mecânica quântica. Epperson argumenta que a filosofia processual de Whitehead pode fornecer uma base para uma compreensão mais holística e participativa da ciência, que leva em consideração os aspectos subjetivos e experienciais da realidade.

Essa discussão mais ampla abre caminho para uma reflexão profunda sobre o significado e o impacto da mecânica quântica além de suas aplicações técnicas.

No entanto, uma crítica que pode ser levantada é que a proposta de Epperson pode ser considerada especulativa e controversa dentro do campo da filosofia da ciência. A tentativa de unir conceitos complexos da mecânica quântica com uma filosofia processual pode ser vista como uma interpretação particular, e não como uma abordagem amplamente aceita ou consensual.

É importante reconhecer que existem várias interpretações e perspectivas filosóficas sobre a mecânica quântica, e a visão de Epperson é apenas uma delas.

Outra limitação é que o livro pode ser bastante técnico e exigir um conhecimento prévio tanto da mecânica quântica quanto da filosofia de Whitehead para ser plenamente compreendido. Isso pode dificultar a leitura e a acessibilidade do livro para um público mais amplo, especialmente para aqueles sem familiaridade com essas áreas específicas.

Além disso, é importante destacar que o livro foi publicado em 2004 e, desde então, houve avanços significativos tanto na mecânica quântica quanto na filosofia da ciência. Novas teorias e interpretações têm surgido, e é sempre importante acompanhar as pesquisas mais recentes para obter uma compreensão mais atualizada do campo.

Em resumo, "Mecânica Quântica e a Filosofia de Alfred North Whitehead" de Michael Epperson oferece uma interessante exploração da interseção entre a mecânica quântica e a filosofia processual de Whitehead.

Embora a proposta seja inovadora e estimulante, é importante considerá-la como uma perspectiva particular dentro de um campo de estudo em constante evolução.

24 Referências

1. "The Philosophy of Physics: From Ancient Concepts to Modern Theories" (A Filosofia da Física: Dos Conceitos Antigos às Teorias Modernas) por Marc Lange.

2. "Physics and Philosophy: The Revolution in Modern Science" (Física e Filosofia: A Revolução na Ciência Moderna) por Werner Heisenberg.

3. "The Birth of Physics" (O Nascimento da Física) por Michel Serres.

4. "The Dream of Reason: A History of Western Philosophy from the Greeks to the Renaissance" (O Sonho da Razão: Uma História da Filosofia Ocidental dos Gregos ao Renascimento) por Anthony Gottlieb.

5. "The Sleepwalkers: A History of Man's Changing Vision of the Universe" (Os Sonâmbulos: Uma História da Mudança na Visão do Homem sobre o Universo) por Arthur Koestler.

6. "Physics and Philosophy: The Revolution in Modern Science" (Física e Filosofia: A Revolução na Ciência Moderna) por Sir James Jeans.

7. "The Philosophy of Physics: The Evolution of Modern Philosophy" (A Filosofia da Física: A Evolução da Filosofia Moderna) por Roberto Torretti.

Aqui estão algumas referências bibliográficas que abordam os principais filósofos que contribuíram para a filosofia da física, incluindo Parmênides, Demócrito, Platão, Aristóteles, Descartes e Kant:

8. "Parmenides and the History of Dialectic: Three Essays" (Parmênides e a História da Dialética: Três Ensaios) por Charles H. Kahn.

9. "Democritus and the Sources of Greek Anthropology" (Demócrito e as Fontes da Antropologia Grega) por G.E.R. Lloyd.

10. "Plato and the Foundations of Metaphysics: A Work on the Theory of the Principles and Unwritten Doctrines of Plato with a Collection of the Fundamental Documents" (Platão e as Fundações da Metafísica: Um Trabalho sobre a Teoria dos Princípios e Doutrinas Não Escritas de Platão com uma Coleção de Documentos Fundamentais) por Giovanni Reale.

11. "Aristotle's Physics: A Guided Study" (A Física de Aristóteles: Um Estudo Orientado) por Joe Sachs.

12. "Descartes' Philosophy of Science" (A Filosofia da Ciência de Descartes) por Desmond M. Clarke.

13. "Kant and the Metaphysics of Causality" (Kant e a Metafísica da Causalidade) por Eric Watkins.

14."Philosophy of Physics: Space and Time" (Filosofia da Física: Espaço e Tempo) por Tim Maudlin.

15. "The Mechanical Universe: Mechanics and Heat" (O Universo Mecânico: Mecânica e Calor) por Richard P. Olenick, Tom M. Apostol, David L. Goodstein.

16. "Newton and the Origin of Civilization" (Newton e a Origem da Civilização) por Jed Z. Buchwald.

17. "Determinism and Freedom in the Age of Modern Science" (Determinismo e Liberdade na Era da Ciência Moderna) por Sidney Hook.

18. "Space, Time, and Spacetime: Physical and Philosophical Implications" (Espaço, Tempo e Espaçotempo: Implicações Físicas e Filosóficas) por Lawrence Sklar.

19. "The Absolute Relations of Time and Space" (As Relações Absolutas de Tempo e Espaço) por Hermann Minkowski.

21. "Quantum Mechanics and the Philosophy of Alfred North Whitehead" (Mecânica Quântica e a Filosofia de Alfred North Whitehead) por Michael Epperson.

22. "Quantum Enigma: Physics Encounters Consciousness" (Enigma Quântico: A Física Encontra a Consciência) por Bruce Rosenblum e Fred Kuttner.

23. "The Fabric of Reality: The Science of Parallel Universes - and Its Implications" (A Trama da Realidade: A Ciência dos Universos Paralelos - e Suas Implicações) por David Deutsch.

24 "The Measurement Problem in Quantum Mechanics: Problems and Solutions" (O Problema da Medição na Mecânica

Quântica: Problemas e Soluções) por Paul Busch, Pekka J. Lahti e Reinhard F. Werner.

25. "Quantum Reality: Beyond the New Physics" (Realidade Quântica: Além da Nova Física) por Nick Herbert.

26. "Relativity: The Special and General Theory" (Relatividade: A Teoria Especial e Geral) por Albert Einstein.

27. "The Philosophy of Space and Time" (A Filosofia do Espaço e do Tempo) por Hans Reichenbach.

28. "Einstein's Unfinished Symphony: Listening to the Sounds of Space-Time" (A Sinfonia Inacabada de Einstein: Ouvindo os Sons do Espaço-Tempo) por Marcia Bartusiak.

29. "Scientific Realism: How Science Tracks Truth" (Realismo Científico: Como a Ciência Rastreia a Verdade) por Stathis Psillos.

30. "The Structure of Scientific Theories" (A Estrutura das Teorias Científicas) por Frederick Suppe.

31. "The Limits of Science: Outline of Logic and of the Methodology of the Exact Sciences" (Os Limites da Ciência:

Esboço de Lógica e Metodologia das Ciências Exatas) por Nicholas Rescher.

32. "The Fabric of the Cosmos: Space, Time, and the Texture of Reality" (A Trama do Cosmos: Espaço, Tempo e a Textura da Realidade) por Brian Greene.

33. "Mind and Cosmos: Why the Materialist Neo-Darwinian Conception of Nature is Almost Certainly False" (Mente e Cosmos: Por que a Concepção Materialista Neo-Darwiniana da Natureza Provavelmente é Falsa) por Thomas Nagel.

34. "Mind and the World Order: Outline of a Theory of Knowledge" (Mente e a Ordem Mundial: Esboço de uma Teoria do Conhecimento) por C. I. Lewis.

35. "Emergence: The Connected Lives of Ants, Brains, Cities, and Software" (Emergência: As Vidas Conectadas de Formigas, Cérebros, Cidades e Software) por Steven Johnson.

36. "The Conscious Mind: In Search of a Fundamental Theory" (A Mente Consciente: Em Busca de uma Teoria Fundamental) por David J. Chalmers.

37. "The Ethical Engineer: Contemporary Concepts and Cases" (O Engenheiro Ético: Conceitos e Casos Contemporâneos) por Robert McGinn.

38. "Ethics and Weapons of Mass Destruction: Religious and Secular Perspectives" (Ética e Armas de Destruição em Massa: Perspectivas Religiosas e Seculares) por Sohail H. Hashmi e Steven P. Lee.

39. "Science and Ethics: An Introduction" (Ciência e Ética: Uma Introdução) por Marcel C. LaFollette.

40. "Freedom Evolves" (A Evolução da Liberdade) por Daniel C. Dennett.

www.ingramcontent.com/pod-product-compliance
Ingram Content Group UK Ltd.
Pitfield, Milton Keynes, MK11 3LW, UK
UKHW021956190726
13853UKWH00004B/1569